Sibylle Scheewe, Petra Warschburger,
Kathrin Clausen, Birgit Skusa-Freeman, Franz Petermann

Neurodermitis-Verhaltenstrainings
für Kinder, Jugendliche und ihre Eltern

Quintessenz
Materialien zur Verhaltensmedizin

Sibylle Scheewe, Petra Warschburger,
Kathrin Clausen, Birgit Skusa-Freeman,
Franz Petermann

Neurodermitis-Verhaltenstrainings für Kinder, Jugendliche und ihre Eltern

Quintessenz

Anschriften der Autoren:

Dr. Sibylle Scheewe
Fachklinik Sylt
Steinmannstr. 52–54
25980 Sylt

Dr. Petra Warschburger
Zentrum für Rehabilitationsforschung
Universität Bremen
Grazer Str. 6
28359 Bremen

Kathrin Clausen
Fachklinik Sylt
Steinmannstr. 52–54
25980 Sylt

Dipl.-Psych. Birgit Skusa-Freeman
Fachklinik Brettstedt
25924 Rodenäs

Prof. Dr. Franz Petermann
Zentrum für Rehabilitationsforschung
Universität Bremen
Grazer Str. 6
28359 Bremen

Lektorat: Dr. Saskia Dörr

Die Deutsche Bibliothek – CIP-Einheitsaufnahme

**Neurodermitis-Verhaltenstrainings für Kinder, Jugendliche und
ihre Eltern**/ Sibylle Scheewe ... – München : MMV, Medizin-Verl., 1997
ISBN 3-8208-1770-0

© MMV Medizin Verlag GmbH, München 1997
Der MMV Medizin Verlag ist ein Unternehmen der Bertelsmann Fachinformation

Umschlag (Reihenentwurf): Dieter Vollendorf, München
Herstellung: ALINEA GmbH, München
Druck und Bindearbeiten: Wiener Verlag, Himberg
Printed in Austria

ISBN 3-8208-1770-0

Inhalt

Vorwort

Das vorliegende Buch widmet sich vorrangig der verhaltenspsychologisch begründeten Intervention. Methodik und Didaktik des Neurodermitis-Verhaltenstrainings werden ausführlich beschrieben und durch eine Materialiensammlung ergänzt. Daneben werden aber auch die medizinischen Grundlagen und Behandlungsmöglichkeiten dargestellt. Verschiedene Einsatzmöglichkeiten von Neurodermitistrainings werden aus dem beschriebenen Programm abgeleitet. Schließlich wird ein ambulantes Elterntraining mit Materialien dargestellt und ein Überblick zu dem daran angegliederten Kleinkindprogramm gegeben.

Die Neurodermitis ist weit verbreitet und betrifft nach aktuellen Schätzungen ca. 10 % aller Kinder und Jugendlichen. Obwohl die Erkrankung sich im Verlauf des Kindesalters oft verliert, kann sie auch bis in das Erwachsenenalter persistieren und zu einer Beeinträchtigung der Erwerbsfähigkeit führen. Für den einzelnen Patienten ist eine Prognose über den Verlauf seiner Erkrankung nicht möglich.

Dabei bedeutet die Neurodermitis nicht nur eine schwere Belastung für das betroffene Kind, sondern auch für dessen Familie. Besonders in Zeiten von akuten Krankheitsschüben wird die Familie vor hohe Anforderungen gestellt, diese Erkrankung zu bewältigen. Tägliches Eincremen, das Vermeiden von Auslösern, der ständige Umgang mit dem quälenden Juckreiz, häufige Arztbesuche sowie Krankenhaus- und Reha-Aufenthalte beeinträchtigen den Alltag und die Lebensqualität der Familie. Unsicherheiten im Umgang mit der Neurodermitis und dem leidenden Kind, die Auseinandersetzung mit häufigen Ratschlägen und einer Fülle von Behandlungsansätzen sowie die immer wieder scheiternden Versuche, die Neurodermitis in den Griff zu bekommen, führen bei den Eltern zu Gefühlen der Enttäuschung, Wut, Angst und Schuld. Das Kind selbst leidet unter der stigmatisierenden Hautveränderung, die nicht selten zur sozialen Ausgrenzung führt. Angesichts der offenen Fragen zu Berufsaussichten und Zukunftsperspektiven entstehen bei den Betroffenen Hilflosigkeit und Resignation.

In der Betreuung schwanken die Eltern oft zwischen Über- und Unterforderung ihres Kindes. Eine ausgesprochene Überbehütung ist jedoch die häufige Konsequenz, die den Kindern besondere Aufmerksamkeit während Juckreizattacken zukommen läßt.

Trotz der Häufigkeit und der mit der Erkrankung verbundenen sekundären Probleme gibt es für die Neurodermitis kein allgemeingültiges und zuverlässig wirksames Therapiekonzept. Selbst Empfehlungen aus wissenschaftlichen Publikationen der letzten Zeit sind zum Teil widersprüchlich und unvollständig. Außerhalb der klassischen Schulmedizin wird ein breites Spektrum von Behand-

7

lungsmöglichkeiten mit zum Teil dubiosem Charakter angeboten. Dabei wird nicht selten die verzweifelte Situation der Kinder und ihrer Eltern auch pekuniär ausgenutzt.

Nach unserer langjährigen Erfahrung mit vielen hundert Neurodermitikern lassen sich jedoch gute Erfolge mit der Kombination von vier verschiedenen Behandlungsprinzipien erreichen:

- Individuelle, medikamentöse Behandlung mit verschiedenen pflegenden oder entzündungshemmenden Salben sowie der Gabe von Antihistaminika
- Umfassende verhaltensmedizinische Intervention mit dem vorrangigen Ziel, mit dem Patienten Krankheitsbewältigungsstrategien einzuüben
- Identifikation von potentiellen Auslösern und deren Vermeidung

- Ggf. Durchführung einer individuell angepaßten Diät

Seit 1989 sind an der Fachklinik Sylt für Kinder und Jugendliche insgesamt drei Patientenschulungsprogramme für Kinder und Jugendliche mit Neurodermitis entwickelt worden (Scheewe, Clausen, Skusa-Freeman). 1994 beauftragte die LVA Hamburg, als Träger der Fachklinik Sylt, das Zentrum für Rehabilitationsforschung der Universität Bremen, das Schulungsprogramm „Fühl mal" zu evaluieren. In den folgenden zwei Jahren wurde diese Evaluation an 85 Kindern durchgeführt. Der Evaluation folgte eine Modifikation des Schulungsprogramms.

Das Buch richtet sich vornehmlich an Ärzte, Psychologen und Pädagogen, die in ihrer täglichen Arbeit mit neurodermitiskranken Kindern nicht nur medizinisch-somatische Aspekte berücksichtigen wollen, sondern

mit Hilfe einer Patientenschulung eine kompetente Strategie zur Bewältigung der Neurodermitis anbieten möchten. Im Sinne dieses Ziels wünsche ich dem Buch viel Erfolg und eine große Verbreitung.

Den Autoren und den Mitarbeitern der Fachklinik Sylt, die in jahrelanger Arbeit vor Ort mit den Patienten die Grundlagen für das Entstehen dieses Buches geschaffen haben, gebührt großer Dank. Außerdem sei Herrn Prof. Dr. Petermann gedankt für die ständige, freundliche Unterstützung und Beratung unserer Klinik in allen Fragen der Entwicklung von Patientenschulungsprogrammen.

Sylt, im März 1997

*Dr. med. Rainer Stachow,
Leitender Arzt*

1
Medizinische Aspekte der Neurodermitis

Bei der Neurodermitis handelt es sich um eine chronische, konstitutionell verankerte Hauterkrankung, die in Schüben verläuft und einen entzündlichen Charakter hat. So unterschiedlich wie sich die Neurodermitis ausprägen kann, so vielfältig sind auch die Synonyme, die Pathophysiologie, Ursprung oder den Ausdehnungsmodus beschreiben wollen: konstitutionelles Ekzem, Neurodermitis diffusa, Neurodermatitis, atopisches Ekzem, atopische Dermatitis, Neurodermitis constitutionalis atopica, früh- bzw. spätexsudatives Ekzematoid Rost (Mc Henry, Williams & Bingham, 1995; Nelson, 1996).

Anfang des 20. Jahrhunderts wurden die Krankheitssymptome der Neurodermitis zu einem Krankheitsbild zusammengefaßt. Seitdem haben sich viele medizinische und seit den 50er Jahren auch psychologische Arbeiten mit dieser für das Kindesalter wichtigsten chronischen Hauterkrankung befaßt.

1.1 Krankheitsverlauf

In zwei Dritteln aller Fälle zeigt sich in der Säuglingsphase der sogenannte Milchschorf, der nichts mit einer Kuhmilchallergie zu tun hat, sondern deshalb so bezeichnet wird, weil sich auf der Kopfhaut karamelfarbene Krusten zeigen, die an verbrannte Milch im Topf erinnern. Die Erkrankung beginnt meist in der Säuglings- und Kleinkindzeit, seltener erst im Schul- oder Pubertätsalter. Die Ausprägung der genetisch fixierten Allergiebereitschaft entscheidet letztendlich, ob die Neurodermitis bis ins Erwachsenenalter bestehenbleibt oder nicht. Bei ca. 70 % ist eine genetische Veranlagung nachweisbar (Rajka, 1989). Eine Neurodermitis im Erwachsenenalter ist eher selten und meist auf eine dauerhafte Belastung mit äußeren Reizstoffen (Handekzem bei Krankenschwestern, Kontaktekzem) oder dauerhaften in-neren Belastungen (psychosozialer Streß) zurückzuführen.

Immerhin 40 % der Patienten, die als Kind unter Neurodermitis litten, behalten ihre Neurodermitis im Erwachsenenalter (Ring, 1992). Wenn die Neurodermitis vor dem sechsten Lebensmonat begonnen hat, ist nur bei 6 % der Erwachsenen die Neurodermitis noch präsent. Wenn die Neurodermitis nach dem zweiten Lebensjahr beginnt, kann man bei den Erwachsenen noch zu 50 % Ekzemreaktionen beobachten. Ist die Neurodermitis als Inversa-Form, d. h. Streckseitenbefall, im Kindesalter aufgetreten, findet sie sich noch bei 36 % der Erwachsenen.

Anzeichen für eine Veranlagung zur Neurodermitis sind:
- Neigung zu trockener Haut
- Andere allergische Erkrankungen in der Familie (Asthma bronchiale, Nesselsucht, Heuschnupfen, Migräne)
- Weißer Dermographismus, d. h. abnorme Gefäßreaktion auf einen äußeren, mechani-

9

schen Druck mit Zusammenziehen der Gefäße (beim Hautgesunden würde dort ein roter Strich als eine Mehrdurchblutung sichtbar)
- Paradoxe Reaktion der Haut auf pharmakologische Substanzen, z. B. wird auf eine Acetylcholininjektion mit Blässe statt mit Rötung reagiert
- Abnorme Reaktion auf Kälte und Wärme
- Mangelnde Schweißproduktion
- Blässe des Gesichts
- Neigung zu überschießenden Reaktionen auf Allergene
- Verminderte Aktivität der Lymphozyten und Granulozyten auf adrenerge Stimuli

10 % aller Kinder leiden an einer Neurodermitis oder an Minimalvarianten. Es treten im Gegensatz zu anderen chronischen Erkrankungen nur in wenigen Fällen lebensbedrohliche Komplikationen wie Herpes- und Staphylokokkeninfektionen mit systemischen Wirkungen auf, dennoch ist die Neurodermitis eine stark belastende Krankheit (Murphy, Nelson & Cheap, 1981).

Die Neurodermitis stellt eine massive Beeinträchtigung mit erheblicher ökonomischer Relevanz dar. Ein großer Teil von Berufsunfähigkeit wird durch beruflich bedingte Hautekzeme hervorgerufen, die durch die anlagebedingte Hauttrockenheit entstehen und von Berufsallergenen ausgelöst werden. Die psychische Belastung besonders im jugendlichen Alter ist erheblich.

1.2 Störungen der Hautfunktion

Die trockene Haut ist typisch für die Neurodermitis. Etwa 2 bis 6 % der Neurodermitiker sind von Ichthyosis vulgaris und Xerosis betroffen. Auch wird bei Lipidlösern, z. B. Seifen, eine übermäßige Trockenheit der Haut beobachtet. Die verminderte Wasserbindungsfähigkeit der Haut trägt weiter zur Trockenheit bei (Ruzicka, Ring & Przybilla, 1991).

Aufbau der Haut

In der Haut sind verschiedene Gewebearten vereint: Bindegewebe, Fettgewebe, Blutgefäße, Muskulatur, Nerven, Nervenendsysteme, die Reize empfangen und zum Gehirn weitergeben, und Nervenendsysteme, die Botenstoffe aussenden, um Zellen des Immunsystems in der Haut zu steuern (Steigleder, 1996).

Die drei Schichten der Haut haben folgende Funktionen: Die Oberhaut mit Hornzellen (Keratinozyten), Hautfärbezellen (Melanozyten) und Abwehrzellen (Langerhans-Zellen) dient der Abwehr von eindringenden Fremdstoffen durch Fett- und Wasserbindung sowie immunologischen Prozessen. Die Lederhaut (Cutis) besteht aus kollagenem Bindegewebe, das aus elastischen Fasern aufgebaut ist, amorphem Material (Grundsubstanz), Fibroblasten und Mastzellen, Blutgefäßen, Blut-

bestandteilen (andere, weiße Blutzellen, die eine Abwehrreaktion starten oder unterhalten können und die das hautassoziierte Lymphgewebe bilden) sowie Talg- und Schweißdrüsen. Sie ist eine elastische Schutzschicht mit Abwehrfunktion, dient als Nährstofflieferant und der Fett- und Schweißproduktion. Das Unterhautfettgewebe (Subcutis) mit den Fettzellen dient der Polsterung und dem Druckausgleich. Zu den Hautanhangsbestandteilen zählt man außer den Talg- und Schweißdrüsen noch die Haarbälge und die Nägel (Abb. 1).

Neben den genannten Funktionen dient die Haut als unser größtes Organ – ihr Gewichtsanteil am Gesamtkörpergewicht ist 16 % – der Anpassung des Organismus an die Umwelt, indem sie wichtige Stoffwechselfunktionen, die Sinneswahrnehmung (Schmerz, Druck, Kälte, Wärme, Juckreiz, Tasten, Berührung) und die Darstellung nach außen (Haut als „Organ des ersten Eindrucks", Haut als „Spiegel der Seele") übernimmt. Ein Ungleichgewicht des Stoffwechsels innerer Organe spiegelt sich ebenfalls auf der Haut wider. Ein Beispiel dafür ist die Gelbverfärbung der Haut bei Leberentzündung.

Talg- und Schweißdrüsen produzieren den sog. Säureschutzmantel der Haut. Talg und Schweiß verschmelzen auf der Hautoberfläche und bilden ein mikrobiologisches Milieu mit saurem pH-Wert von 5 bis 6. Der Abwehr dienliche Kleinstlebewesen greifen andere, für den

Menschen schädliche Bakterien und Viren an, und schützen damit die Haut. Ist der Säureschutzmantel durch äußere Faktoren (z. B. lange Wasseranwendung, Seifen) oder innere Einflüsse (abnorme Talg- und Schweißdrüsenfunktion) gestört, kommt es zur Austrocknung (Seidenari & Giusti, 1995).

Gestörte Lipidbarriere

Die Durchlässigkeit für Wasser von innen nach außen wird in der Epidermis durch ein subtiles biochemisches System kontrolliert. Es liegt zwischen der Hornschicht (Stratum corneum) und der Körnerzellschicht (Stratum granulosum) und besteht aus einem Fettmantel, der sich schützend um die Keratinozyten legt.

Die Fette werden ursprünglich von den Keratinozyten gebildet. In jeder Hautschicht – von der Basal- bis zur Hornschicht – verändert sich die Zusammensetzung der Lipidstruktur, wohl entsprechend den Bedürfnissen der Hautschichten. 10 bis 30 % des Volumens der Hautschicht besteht aus diesen Fetten. Die Keratinozyten wandeln die von außen zugeführte Lipide in die benötigten Lipidstrukturen um.

Die Wichtigkeit der Lipide zwischen den Zellschichten aus lebenden und bereits abgestorbenen Zellen liegt darin, daß die produzierten Lipide praktisch in die verhornende Schicht hineingedrückt werden. Die Lipide werden in plattenähnlichen Strukturen zusammengelegt, und

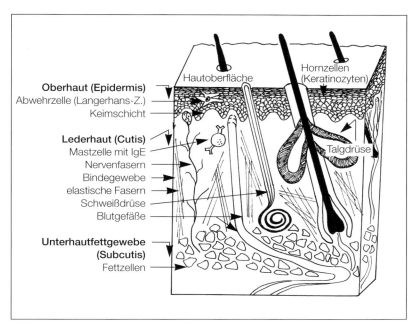

Abb. 1: Schematischer Querschnitt der Haut.

Labels in figure:
Hautoberfläche
Hornzellen (Keratinozyten)
Oberhaut (Epidermis)
Abwehrzelle (Langerhans-Z.)
Keimschicht
Lederhaut (Cutis)
Mastzelle mit IgE
Nervenfasern
Bindegewebe
elastische Fasern
Schweißdrüse
Blutgefäße
Talgdrüse
Unterhautfettgewebe (Subcutis)
Fettzellen

die Keratinozyten werden somit in die Fettlamellen aus Fettsäuren eingebettet. Der epidermale Durchlässigkeitsschutz hängt wesentlich auch vom intakten Stoffwechsel der Fettsynthese in der Haut ab. Nach Zerstörung der epidermalen Barriere durch Seifen oder Lösungsmittel wird ein zwei- bis dreifacher Anstieg der epidermalen Fettproduktion beobachtet. Durch den entstandenen Wasserverlust in der Haut muß die Fettsynthese angeregt werden (Nassif, Chan, Storrs & Hanifin, 1994).

Bei der Neurodermitis ist diese Barrierefunktion auch in nichtbefallenen Hautarealen gestört. Dadurch entsteht ein Wasserverlust im Stratum corneum. Unklar ist, ob ursprünglich eine subklinische Entzündungsreaktion zur Haut-

trockenheit geführt hat oder ob der Barrieredefekt primär schon vorhanden war.

Pathologische Talgdrüsenfunktion

Als pathogenetisches Korrelat wird eine pathologische Talgdrüsenfunktion diskutiert. Die Hautoberflächenfette bestehen aus einer Mischung von Fetten epidermaler Herkunft, also von Keratinozyten, und von Fetten der Talgdrüse. Man fand erniedrigte Talgdrüsenfette auf der Haut der Handflächen von Neurodermitikern. Offensichtlich ist die Bedeutung der Keratinozytenfette bei der Barrierefunktion höher anzusiedeln, denn nur Ceramide – und diese werden nicht in der Talgdrüse

11

produziert – erfüllen die Barrierefunktion ausreichend. Ceramide und Acylceramide werden in der Haut und im Gehirn von Säugetieren produziert. Synthetische Herstellungen sind äußerst kostspielig, werden jedoch therapeutisch als Alternative zur lokalen Kortisontherapie entwickelt.

1.3 Immunologische Störungen

Charakteristisch für die Neurodermitis sind die trockene Haut durch veränderte Schweiß- und Talgproduktion bzw. verlegte Schweißdrüsengänge sowie die erhöhte IgE-Konzentration im Serum als Zeichen vermehrter Empfindlichkeit gegenüber allergisch wirksamen Stoffen.

In der Haut findet sich neben diesen Anzeichen einer allergischen Bereitschaft eine erhöhte Konzentration von Langerhans-Zellen, die an der Kettenreaktion der immunologischen Abwehr beteiligt sind. Bis heute ist wissenschaftlich nicht geklärt, ob es sich um ein pathogenetisches Phänomen handelt oder um eine sekundäre Reaktion zur Entzündungsabwehr. Eine Allergie ist nicht grundsätzlich die Ursache der Neurodermitis. Es gibt zahlreiche Auslöser, die, ohne eine allergische Reaktion auszulösen, einen Neurodermitisschub hervorrufen können (s. „Mögliche Auslöser der Neurodermitis").

Mögliche Auslöser der Neurodermitis

- Nahrungsmittelallergien (z. B. Kuhmilch, Weizen, Soja, Erdnuß, Fisch, Eier): Unter den Neurodermitiskindern, die erhöhte IgE-Werte aufweisen (ca. 50 %), haben ca. 20 bis 30 % eine Nahrungsmittellallergie auf eins der sechs wichtigsten Nahrungsmitteleiweiße (Rajka, 1989).
- Kontaktallergien: Berufsallergene (z. B. Zement, Desinfektionsmittel, Metallstäube), Gerbstoffe aus Schuhleder, Rasierwasser, Kosmetika, lokale Antibiotika oder Modeschmuck, Nahrungsmittel (z. B. Apfel, Tomate, scharfe Gewürze), Chemikalien aus Textilien, Malfarben, Spielzeug, Klebstoffe
- Nickelallergie: Ein Viertel der auftretenden Nickelallergien beruht auf der Ingestion nickelhaltiger Nahrungsmittel (Kakao, Hülsenfrüchte, Sojabohne, Haferflocken, Nüsse oder Mandeln)
- Inhalative, bei der Neurodermitis wahrscheinlich auch durch direkten Kontakt ausgelöste Allergien: Tierhaare, Hausstaubmilben, Pollen, Schimmelpilze
- Hautaustrocknung durch exzessives Waschen mit ungeeigneten Seifen
- Nahrungsmittelunverträglichkeiten, z. B. Glutamat in Gewürzmitteln
- Biogene Amine in fermentierten Produkten (Käse, Sauerkraut oder Rotwein)
- Klimaumschwung (Kälteeinbruch oder heiße, schwüle Klimazonen)
- Psychosoziale Belastungen oder Spannungssituationen (z. B. Ehescheidung der Eltern, Tod eines Familienmitglieds, Schulstreß oder Liebeskummer)
- Juckreiz durch vermehrtes Schwitzen

Nicht bei jedem Neurodermitiker ist eine erhöhte IgE-Konzentration im Serum oder auf der Hautebene nachweisbar (Nelson, 1996). Dies betrifft Patienten, die keine atopische Disposition, also weder Heuschnupfen noch Asthma oder empfindliche Haut, in der Familienanamnese haben.

Immunabwehr in der Haut

Zu den Zellen des Immunsystems gehören T-Lymphozyten als Träger der zellvermittelten Immunität und B-Lymphozyten als Träger der humoralen Immunität (Antikörperproduktion). Speziell in der Haut finden sich Langerhans-Zellen und Mastzellen. Der epikutane Kontakt mit einem Allergen bewirkt eine Aktivierung von T-Lymphozyten (T-Zellen). Auf den Mastzellen wird Immunglobulin E (IgE) als Zeichen einer erhöhten allergischen Reaktionslage angelagert. Die

IgE-Aktivität wird von T-Helfer-Zellen und T-Suppressor-Zellen (Untergruppen der T-Lymphozyten) reguliert (Wahn, Seger & Wahn, 1994).

In Atopikerfamilien scheint genetisch die Funktion der T-Suppressor-Zellen fehlgesteuert zu sein, so daß es zu einer überschießenden Reaktion der IgE-besetzten Mastzelle bei Kontakt mit dem Allergen, z. B. Nahrungsmittel oder Katzenhaar, kommt (Abb. 2). T-Helfer-Zellen verstärken die allergische Antwort auf Allergene.

Es folgt dann eine Interleukin-Freisetzung (IL3, IL4 und IL5) aus den T-Zellen; dadurch werden die B-Lymphozyten (B-Zellen) aktiviert. Diese bilden daraufhin spezifische IgE-Antikörper gegen das Allergen. IL3 und IL4 aktivieren zusätzlich IgE-besetzte Mastzellen, die einerseits Histamin ausschütten und andererseits IL5 produzieren, welches die B-Zellen weiter aktiviert.

Das IL5 steigert ebenfalls die Aktivität der eosinophilen Zellen, die immunaktivierende Mediatoren wie ECP und PAF produzieren (Kojima, Ono, Aoki, Kameda-Hayashi & Kobayashi, 1994). Es findet eine Verstärkung der Aktivierung der Langerhans-Zellen statt, die auch in der Lage sind, IgE zu binden und mit ihren antigenpräsentierenden Proteinen erneut eine Kettenreaktion auszulösen (Holgate & Church, 1993).

Das Allergen kann sowohl durch den Epikutankontakt als auch über das bronchienassoziierte Lymphgewebe eine immu-

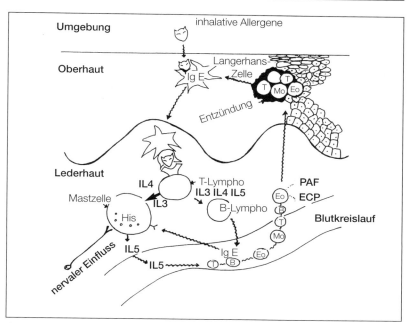

Abb. 2: Rolle der Langerhans-Zelle und der Mastzelle beim Epikutankontakt mit einem Allergen. B: B-Lymphozyten, ECP: eosinophilic cationic proteine. Eo: eosinophile Leukozyten, His: Histamin, IL: Interleukin (Botenstoff), PAF: Plättchenaktivierender Faktor. T: T-Lymphozyten.

nologische Reaktion hervorrufen, die sich dann bis in die Haut fortsetzt (Kemp & Campbell, 1996). Neurovegetative Einflüsse sind wahrscheinlich über Neurotransmitter gegeben, die die Mastzellfunktion beeinflussen.

1.4 Neurovegetative Störungen

Neurovegetative Störungen müssen in den Pathomechanismus mit einbezogen werden (Hermanns, 1991). Neuroim-

munologische Mechanismen durch Streß wirken wie folgt:

- Erhöhte Phosphodiesterase-Tätigkeit, dadurch erhöhte Mediatorfreisetzung
- Verstärkte Streßreagibilität: erhöhte Leukozytenzahl im Serum und erhöhter Spiegel von IgE-Antikörpern

Eine übermäßige Streßbeanspruchung bzw. eine unangemessene Verarbeitung von belastenden Ereignissen löst wahrscheinlich eine hormonell gesteuerte Gefäß- und Hautreaktionskette aus: Im Großhirn ausgelöste psychische Prozesse führen zur Adrenalin- und Noradrenalinausschüttung. Bei der Blockade der betaadrenergen Nervenleitung kommt es zu einer vermehrten Alpharezeptorenstimulation, da offensichtlich das autonome Nervensystem auf Hautniveau einer Dysregulation unterliegt. Durch die Alpharezeptorenstimulation entsteht eine Vasokonstriktion und damit die erhöhte Phosphodiesterase-Aktivität, die zu einer erhöhten Mediatorfreisetzung und damit zu Erythem und quälendem Juckreiz führt. Daß dieser Mechanismus primär vorhanden ist und ein Spezifikum der neurodermitischen Haut darstellt, ist eher zu bezweifeln (Czarnetzki & Grabbe, 1994, s. a. Kap. 2.2 und 2.3).

1.5 Klinik der Neurodermitis

Nach Sampson (1993) gibt es drei Haupt- und drei Nebenkriterien, welche die Diagnose der Neurodermitis im Kindesalter sichern.

Die Hauptkriterien sind :
- Familienvorgeschichte einer atopischen Erkrankung
- Typischer Hautausschlag am Gesicht und an den Extremitäten mit ekzematösen und lichenifizierten Entzündungsstellen
- Vorhandensein von Juckreiz

Die Nebenkriterien sind:
- Xerosis, Ichthyosis, vermehrte Linienbildung der Hand- und Fußflächen

- Retroaurikuläre Rhagaden
- Chronische Schuppung der Kopfhaut

Weitere typische, klinische Zeichen sind nachfolgend aufgeführt (vgl. auch Kriterienkatalog von Hanifin & Rajka, 1980):
- Rötung, Schwellung, nässende Wunden an typischen Stellen (Kopf, Hals, Beugeseiten von Armen und Beinen sowie Handgelenken), manchmal auch generalisiert
- Schuppen- und Krustenbildung an typischen Stellen
- Gesichtsblässe
- Lichenifikation
- Erhöhter Spiegel von Serum-IgE (Antikörper im Blutserum)
- Neigung zu Hautinfektion mit Herpes simplex und Staphylococcus aureus
- Neigung zu unspezifischen Hand- und Fußekzemen („Winterfüße")
- Neigung zu Warzenbefall
- Infraorbitale Falte
- Mundwinkelrhagaden
- Brustwarzenekzem
- Keratokonus und andere Augenerkrankungen, wie Katarakt und Retinaablösung
- Verlauf des Ekzems abhängig von emotionalen Stimmungen und Umweltfaktoren
- Juckreiz beim Schwitzen

Zahlreiche Auslöser allergischer und nichtallergischer Art führen zu Neurodermitisschüben oder unterhalten einen Zustand ständig irritierter Haut (vgl. „Mögliche Auslöser der Neurodermitis").

1.6 Diagnostik

Diagnostik bei Verdacht auf Neurodermitis
- Anamnestisches Gespräch über allergologische, toxische, psychosoziale, umwelttoxische und berufliche Auslöser
- Infektvorgeschichte (Differentialdiagnose: Skabies)
- Bestimmung des IgE-Antikörpertiters und spezifischen IgE-Antikörpertiters
- Epikutantest
- Prick- und/oder Reibtest
- Evtl. Provokationstest

Zur Verlaufsbeobachtung in klinischen Studien eignet sich das ECP (eosinophilic cationic proteine). Es handelt sich dabei um einen Mediator der eosinophilen Granulozyten, eine der wichtigsten Entzündungszellen in der neurodermitischen Hautläsion. Das ECP gibt Auskunft über die aktuelle Entzündungsaktivität in der Haut.

Die Beurteilung der Hautläsion mit Erythem, Ödem, Trockenheit, Krusten, nässenden Stellen und Schuppung sowie Lichenifikation erfolgt nach dem Schweregrad der Läsion, der subjektiven Einschätzung von Juckreiz und Schlaflosigkeit sowie der Ausdehnung. Ein dafür praktikables und anerkanntes Verfahren ist der SCORAD (European Task Force, 1993; Wahn & Niggemann, 1996; Zitelli & Davis, 1992; Abb. 3).

SCORAD
European Task Force
on Atopic Dermatitis

LVA Fachklinik Sylt
für Kinder und Jugendliche
Datum:

Name, Vorname:

Codenummer:

A = Ausdehnung **)

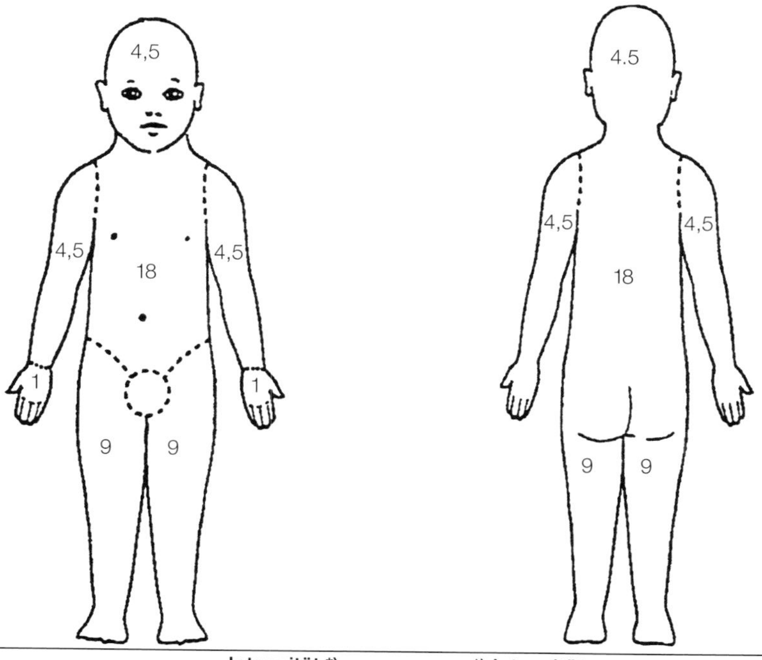

4,5

4.5

4,5   18   4,5

4,5   18   4,5

1   1

9   9

9   9

B = Kriterien	Intensität *)
Rötung	
Bläschen/Papeln	
Krusten	
Exkoriation	
Lichenifikation	
Trockenheit ***)	

*) Intensität:

0 = gar nicht vorhanden
1 = wenig vorhanden
2 = mäßig vorhanden
3 = schwer vorhanden

) **Ausdehnung von 1 % = 1 Hand-
fläche des Patienten

***) **Trockenheit** an nicht entzündeten/
betroffenen Hautstellen. Dieses
Kriterium wird als einziges nicht in
der Ausdehnung berücksichtigt.

C = subjektive Empfindlichkeit

Juckreiz:

Schlaflosigkeit wegen Juckreiz:

0 _____ 10

0 _____ 10

Ergebnis A _____
Ergebnis B _____
Ergebnis C _____

SCORAD: $A/5 + 7B/2 + C$

Punktezahl: _____

Abb. 3: SCORAD-Bewertungssystem der Hautbefundung.

Die ekzematöse Hautläsion ist nicht spezifisch für die Neurodermitis. Weitere Differentialdiagnosen sind im folgenden aufgeführt (vgl. Nelson, 1996):

- Skabies (an Hand- und Fußstreckseiten sowie Zehzwischenräumen, typisch sind einzeln stehende vesikuläre Papeln). Diagnose: Eier der Krätzemilben in Bläschenflüssigkeit
- Ichthyosis vulgaris. Diagnose: Schuppen größer als bei der Ichthyosis der Neurodermitis
- Kontaktdermatitis (kann sich gegenseitig verstärken). Diagnose: meist an der Stelle des Kontaktes, nicht an den Beugeseiten
- Hyper-IgE-Syndrom. Diagnose: vermehrte Staphylokokken-Abzesse in der Vorgeschichte, Serum-IgE bis über 10 000 Einheiten
- Ekzematöse, bakterielle Dermatitis. Diagnose: z.B. bei Trommelfellperforation mit eitrigem Ohrsekret, lokale Reaktion; spricht gut auf Behandlung der Grunderkrankung an
- Seborrhoische Dermatitis (Übergänge fließend, typisch an der Kopfhaut und den Ohren sowie Nasenflügeln). Diagnose: spricht schnell auf Behandlung an
- Eczema irritans (durch scharfe Gewürze und Säuren). Diagnose: typisch um den Mund herum oder als Windeldermatitis

Darüber hinaus sind andere systemische Erkrankungen zu beachten:

- Ekzematöse Hautareale bei Phenylketonurie. Diagnose: Klinik
- Acrodermatitis enteropathica. Diagnose: meist besonders schweres nässendes Ekzem um alle Körperöffnungen herum
- Histiocytosis X. Diagnose: hämorrhagisches Ekzem, meist therapieresistent
- X-gebundene Agammaglobulinämie. Diagnose: serologisch
- Ataxia teleangiectasia. Diagnose: Klinik der Ataxie
- Wiskott-Aldrich-Syndrom. Diagnose: Thrombozytenbestimmung
- Biotinidase-Mangel-Syndrom. Diagnose: assoziierte Ataxie und myoklonische Krämpfe sowie Entwicklungsverzögerung

Hautbiopsien dienen eher der Diagnose anderer, ähnlich aussehender Hautläsionen; z. B. kann bei der Neurodermitis inversa an Streckseiten bei unklarem klinischen Bild eine Psoriasis in Erwägung gezogen werden (Nanda, 1995).

1.7 Prophylaxe

Entsprechend der multifaktoriellen Genese und der noch bis ins letzte unklaren immunologischen Vorgänge (Forsthuber, Yip & Lehmann, 1996; Ridge, Fuchs & Matzinger, 1996; Sarzotti & Robbins, 1996) kann die Prophylaxe nur ein Mosaik aus diätetischen, verhaltensmedizinischen sowie medikamentösen Maßnahmen sein (Björksten, 1991). Wenn Allergien als auslösende Faktoren verdächtigt werden, sollten grundsätzlich eine spezifische IgE-Diagnostik und ab dem vierten Lebensjahr auch ein Pricktest durchgeführt werden (Wahn & Niggemann, 1996).

Nicht jede Minimalvariante einer Neurodermitis bedarf einer kompletten Allergiediagnostik, die eventuell nur dem Kausalitätsbedürfnis von Eltern und Arzt entgegenkommt. Auch sind positive RAST- oder Pricktestbefunde nur im Sinne eines immunologischen Markers zu deuten, wenn die Allergene nicht auch eindeutige Hautreaktionen hervorrufen, seien es Soforttyp-Reaktionen oder, im Sinne einer Epikutansensibilisierung, verzögerte Immunantworten (Charlesworth, Kagey-Sobotka, Norman, Lichtenstein & Sampson, 1993). Eine Reihe von Maßnahmen können vorbeugend wirken.

Stillen

Stillen in den ersten sechs Monaten ist eine gute Prophylaxe gegen Nahrungsmittelallergien, da sich Fremdeiweiße in größeren Mengen vom Säugling fernhalten lassen. Dazu ist es notwendig, daß sich die stillende Mutter mit möglichst geringen Mengen potenter Allergene (Kuhmilch, Weizen, Hühnerei, Soja, Nüsse oder

Schweinefleisch) ernährt, denn diese werden über die Milch auf das Kind übertragen und führen zu einer spezifischen IgE-Bildung. Dies gilt wahrscheinlich auch für die Ernährung der Mutter in der Schwangerschaft, wobei der Fötus ab der 11. Schwangerschaftswoche spezifische IgE-Antikörper bilden kann. Eine eiweißvariable Diät der Mutter müßte – unter der bisher noch nicht bewiesenen Hypothese einer Atopiebahnung – ab der zehnten Schwangerschaftswoche durchgeführt werden (Fälth-Magnusson & Kjellmann, 1987). Die bislang vorliegenden Studien zeigen keine Unterschiede zwischen Normalkost einerseits und ei- bzw. milchfreier Ernährung der Schwangeren andererseits. Allerdings wurde diese Ernährungsform erst in der Spätschwangerschaft durchgehalten. Auch erfordern neuere Erkenntnisse aus der immunologischen Forschung (Ridge et al., 1996) über das Immunsystem des Neugeborenen neue gezielte Studien auf dem Gebiet der Präsentation von Nahrungsmittelallergen durch Immunzellen. Bei Stillhindernis ist eine vorbeugende, hypoallergene Säuglingsnahrung für die ersten sechs Monate empfehlenswert. Dann kann auf eine Festkost übergegangen werden.

Eliminationsdiät

Eine grundsätzlich gültige Eliminationsdiät kann es aufgrund der unterschiedlichen Empfindlichkeit und Allergiebereitschaft für das neurodermitiserkrankte Kind nicht geben. Für die Mehrzahl der Neurodermitiker sollte eine langdauernde Eliminationsdiät nur im Falle nachgewiesener Hautreaktionen mit Juckreiz und Rötung innerhalb von 48 Stunden nach Einführen eines bislang ausgelassenen Nahrungsmittels durchgeführt werden (Sampson, 1993). Hier ist die Auslaßdiät gleichzeitig Prophylaxe und Kausaltherapie der Neurodermitis (Mabin, Sykes & David, 1995).

Besteht der Verdacht auf eine Nahrungsmittelallergie (aufgrund von Beobachtungen der Eltern oder routinemäßig durchgeführten, spezifischen IgE-Untersuchungen im Serum), empfiehlt sich folgendes Vorgehen: Fünf Tage lang wird eine Kartoffel-Reis-Diät mit ausreichender Flüssigkeitszufuhr über Mate-Tee oder stilles Wasser durchgeführt. Ergibt sich darunter keine eindeutige Hautverbesserung, so ist eine Nahrungsmittelallergie so gut wie ausgeschlossen; resultiert jedoch eine deutliche Besserung, sollten nun im Abstand von zwei Tagen unter ärztlicher Kontrolle zunächst wenig potente Allergene, z. B. Brokkoli, Banane, Buchweizen, Mais, Blumenkohl, Gerste und Roggen, dann bei Nichtvegetariern z. B. Putenfleisch, Rindfleisch, Geflügelfleisch und Eier, bei Lactovegetariern z. B. Weizen, Soja, Mandeln, Joghurt, Erbsen und Kuhmilch eingeführt werden. Ist die Reaktion nicht eindeutig, empfiehlt es sich, die Nahrungsmittelprovokation ein zweites Mal in verkapselter Form durchzuführen, bevor eine Nahrungsmittelallergie als Auslöser deklariert wird. Damit können Störeffekte, z. B. die Erwartungshaltung der Eltern und des Kindes, ausgeschlossen werden. Ist eine deutliche Hautreaktion aufgetreten, sollte das Nahrungsmittel für mindestens zwei Jahre weggelassen werden, ehe eine neue Provokation erfolgt.

Rajka (1989) empfiehlt für Eltern, die auf jeden Fall eine Sensibilisierung durch Nahrungsmittel vermeiden möchten, folgendes Vorgehen:

- Bis zum Alter von einem Jahr: striktes Weglassen von Ei, Kuhmilch und Fisch
- Bei einer ausgeprägten Allergiebereitschaft in der Familie oder wenn das Kind bereits Hauterscheinungen hat: Weglassen von Muscheln, Nüssen, Erdnüssen, Schokolade, Schweinefleisch, Molkereiprodukten, Zitrusfrüchten, Erdbeeren, saurem Obst, Tomaten, Erbsen, Soja und Karotten
- Vorsicht bei Weizenflocken, Birnen, Pflaumen, Pfirsich, Sellerie, Schimmelkäse, Süßigkeitenzusätzen, Farbstoffen in Limonaden, Gewürzen in Chips, Senf, Paprika, Pfeffer und geräuchertem Fleisch

Das Feld der Ernährungsbehandlung der Neurodermitis weitet sich immer stärker aus. Verstärkt wird dies durch die Gesundheits- und Umweltschutzbewegung in den USA

17

und westeuropäischen Ländern, die nicht nur den immunologischen Aspekt der Nahrungsmitteleinflüsse in die Diskussion einbringen. Unserer Erfahrung nach sind restriktive Diäten bei Kindern nur dann sinnvoll, wenn ohne die Diät ständiger Juckreiz und offene Haut ihren Tagesablauf beeinträchtigen. Ansonsten führt die Restriktion nur zu einem Unterlaufen der Diät und zu einer Therapiemüdigkeit, die sich auch auf das weitere Therapieregime negativ auswirkt (Wüthrich, 1995).

Ob die Zufuhr von langkettigen, ungesättigten Fettsäuren über die Nahrung eine Besserung der Hauterscheinungen bringen kann, ist noch nicht entschieden (Soyland et al., 1994), so daß noch keine generelle Ernährungsempfehlung für alle Neurodermitiker gegeben werden kann. Bislang ist die Zwei-Drittel- zu Ein-Drittel-Verteilung von ungesättigten zu gesättigten Fettsäuren weltweit maßgeblich (vgl. Deutsche Gesellschaft für Ernährung, 1991, 1996).

Der allergologisch tätige Kinderarzt sollte auf die Problematik „moderner" Essenszubereitung, wie die der schnell zubereiteten Mikrowellengerichte, hinweisen. Dieser Trend macht den Zusatz von Konservierungs- und Farbstoffen sowie Bindemitteln aus verschiedenen eiweißhaltigen Substanzen nötig. Eine überschaubare Zusammensetzung von Nahrungsmitteln ist nur bei überwiegend frisch zubereiteten Mahlzeiten gewährleistet.

Meiden von Inhalationsallergenen

In der Luft befindliche Allergene wie Pollen, Tierhaarstäube und Hausstaubmilbenexkremente sind sowohl über die Atemwege als auch über den epikutanen Kontakt potentielle Auslöser für Neurodermitisschübe. Deshalb sind Eltern und Patienten darüber aufzuklären, daß Haustierkontakt vermieden werden sollte (Tan, Weald, Strickland & Friedman, 1996).

Weitere Hinweise betreffen die Hausstaubmilbensanierung:
- Teppichböden aus dem Schlafbereich des Kindes entfernen, statt dessen Holz, Linoleum, Kork oder Parkett verlegen
- Textilpolstermöbel durch glatte Oberflächenstoffe oder waschbare Kissen ersetzen
- Gardinen durch Rollos ersetzen
- Encasing-Bezüge für Matratze und Bettzeug verwenden
- Spielzeugkisten mit Deckel statt offener Regale benutzen
- Nur ein Kuscheltier im Bett des Kindes; dies alle zwei Wochen ins Tiefkühlfach legen und anschließend auswaschen
- Möglichst wenig Möbel im Zimmer des Kindes, um das Staubwischen zu erleichtern
- Keine Topfpflanzen im Schlafbereich

Die Rolle der Pollen bei der Neurodermitis ist im Vergleich zu anderen Allergenen eher als gering einzuordnen. Dennoch sollten auch hier die Beobachtungen der Eltern gewürdigt werden, die eine Verschlimmerung bei Pollenkontakt feststellen. Eine Vermeidung der Pollen ist unmöglich, das Ausmaß des Kontaktes kann jedoch reduziert werden: Aktivitäten im Frühjahr und Sommer sollten eher in pollenferne Bereiche verlegt werden, (z. B. Hallensport oder Musikgruppe).

Verhaltenstherapeutische Maßnahmen zur Juckreiz- und Kratzprophylaxe

Nicht nur das Einhalten der medikamentösen Therapie und der prophylaktischen Maßnahmen, wie der Allergenvermeidung, sondern auch die Unterstützung von Eltern und Patienten in der Situation des Juckreizanfalls und anderer Belastungssituationen, die sich aus der chronischen Erkrankung ergeben, sind ein wesentlicher Bestandteil des Therapieerfolges. Hierbei sind verhaltenstherapeutische Maßnahmen, wie sie im Rahmen von Konzepten der Patientenschulung eingeübt werden, eine hervorragende Hilfe (Ehlers, Stangier & Gieler, 1995; Skusa-Freeman, Scheewe, Warschburger, Wilke & Petermann, 1997).

Weitere vorbeugende Maßnahmen

Zigarettenrauch hat eine sensibilisierende Wirkung auf das

18

bronchienassoziierte Lymphgewebe und die Flimmerhärchen auf der Bronchialschleimhaut. Er fördert damit das Eindringen von potentiellen Allergenen, welche die Hautempfindlichkeit erhöhen.

Die Gefährdung des Neurodermitikers durch virale und bakterielle Infektionen macht das Vermeiden enger Kontakte mit Verwandten und Freunden erforderlich, sofern diese infektiös sind. Bei starker körperlicher Anstrengung mit Schweißbildung sollten schweiß- und feuchtigkeitsregulierende Substanzen auf die Haut aufgetragen werden. Die Kleidung sollte aus Baumwoll- bzw. Seidenstoffen oder nicht irritierenden und nicht kratzenden Materialien bestehen.

Bei bevorstehenden Impfungen mit Lebendviren ist ein Gespräch mit dem Impfarzt über das Pro und Kontra der Impfung erforderlich. Auch Zusätze von Hühnerei oder Pferdeserum im Impfstoff sowie konservierende Stoffe und Antibiotikazusätze können eine Sensibilisierung hervorrufen (Lipozencic, Mailavec-Puretic & Trajkovic, 1993).

Nach Wasseranwendung empfiehlt sich eine Feuchtigkeitscreme für die Haut. Alkohol wirkt juckreizauslösend und sollte möglichst erst gar nicht in die Genußpalette des Patienten aufgenommen werden. Bei Waschmitteln sollte auf Weichspüler, Aufheller und auch auf Wäschestärke als zusätzliche Hautirritanzien verzichtet werden.

1.8 Medikamentöse Behandlung

Ziel der medikamentösen Behandlung ist Symptomarmut, in seltenen Fällen ist eine Kausaltherapie durch Weglassen des Auslösers möglich, so daß eine Symptomfreiheit erreicht werden kann. Dies ist ausführlich mit dem Patienten und dessen Eltern anzusprechen. Da die Neurodermitis in Schüben verläuft, ist ein Fehlen von Hauterscheinungen nicht immer Ergebnis der Therapie, sondern charakteristisch für das Krankheitsbild. Diese Tatsache muß den Betroffenen deutlich gemacht werden, um sie nicht aus Unwissen in oft kostspielige Therapien hineinzudrängen, bei denen „Erfolge" nur Ausdruck des natürlichen Verlaufs der Erkrankung sind. Einzelfallbeschreibungen weisen auf Therapieerfolge mit klassischer Homöopathie und Akupunktur hin. Eine größere Studie über eine erfolgreiche Akupunkturbehandlung bei erwachsenen Nerodermitikern legte Yang (1993) vor. Neben diesen, inzwischen anerkannten Naturheilverfahren, werden den Eltern ständig neue Therapieverfahren angeboten, an denen wohl nur ihr Anbieter (finanziell) gesundet.

Lokale Therapie

Als allgemeingültiges Therapieverfahren steht bislang die Salbenbehandlung im Vorder-

grund (Griese, 1997). In den meisten Fällen, bei etwa 80 % der Patienten, ist eine kortisonfreie Salbentherapie im Kindes- und Jugendalter erfolgreich (Müseler, Rakoski, von Zumbusch, Hennig & Borelli, 1995; Warschburger, 1996).

Die Grundprinzipien der Salbentherapie sind:
- Aufnahme von Wirkstoffen, z. B. Zink, Harnstoff oder Gerbstoff, geschieht mit Hilfe eines Trägerstoffs (z. B. Wollwachsalkohole; Steigleder, 1996).
- Stark irritierte, feuchte Hautflächen werden mit feuchten Externa behandelt, z. B. mit Schüttelmixturen und Sprays sowie Umschlägen und Bädern.
- Die Grundlagen selbst haben schon therapeutische Wirkung, z. B. Kühlung der entzündeten Oberfläche, Krustenentfernung, Schuppenlösung und Sekretaufnahme.
- Der Wirkstoff hat je nach Grundlage eine Oberflächen- oder Tiefenwirkung (Tab. 1).

Außer dem bekannten Eincremen (s. Arbeitsblatt „Eincremetechnik", S. 78) werden Verbände aus Baumwolle, z. B. ebenfalls als luftdurchlässiger Schlauchverband, angewandt. Zur Intensivierung einer Salbenwirkung kann man Plastikokklusivverbände (10–30 Minuten lang) verwenden, womit der Wirkstoff vielfach konzentrierter in die Haut gelangt. Eine andere Form der Anwendung stellen Umschläge dar, die je nach gewünschter Wirkung

Tab. 1: Trägerstoffe von Externa in der Neurodermitisbehandlung.

Grundlagen	Bestandteile	Eigenschaften/Nachteile
1. Flüssigkeiten	• Wasser • Alkohol • Tinktur • Lösung	• Kühlende und desinfizierende Wirkung
2. Salben	• Pflanzenfette • Tierische Fette • Mineralöle • Diätetische Substanzen	• Fette: geben Wirkstoff in die Tiefe ab; Nachteil: geringes Wasseraufnahmevermögen • Vaselin: Oberflächliche Wirkstoffabgabe; Nachteil: Wasserundurchlässigkeit • Emulsion Wasser-in-Öl-Typ: für fettlösliche Medikamente, feine Dispersion von Wirkstoffen, nehmen viel Wasser auf; Nachteil: wasserlösliche Medikamente werden nur sehr langsam ans Gewebe abgegeben • Emulsion Öl-in-Wasser-Typ: für wasserlösliche Medikamente, gut verträgliche Salben, leicht abwaschbar; Nachteil: nicht gut haltbar • Schleime oder Gele: wenig fettend • Puder: enthalten mineralische Stoffe, wie Zinkoxid oder pflanzliche Stoffe wie Stärke
3. Kombination	• Schüttelmixtur: Puder und Wasser • Paste: Puder und Salbe • Creme: Salbe und Wasser	• Schüttelmixtur: für nässende Stellen; Nachteil: bei großflächiger Anwendung besteht Auskühlungsgefahr • Pasten: nicht für offene Stellen geeignet

mit Wasser zur Kühlung, Rivanol oder Kaliumpermanganat zur Desinfektion oder schwarzem Tee mit adstringierender Wirkung getränkt sein können.

Wirkstoffe können auch über Bäder an die Haut gebracht werden, z. B. Kaliumpermanganat bei superinfizierter Haut zur Austrocknung, Öle zur Oberflächenrückfettung oder Polidocanol-Bad gegen Juckreiz. Auch Syndets und Shampoos werden Wirkstoffe zugesetzt, z. B. Kopfwaschmittel mit Teer und Schwefel (Zesch, 1988). Der Patient und seine Eltern sollten über die Hauptwirkkriterien der Externa Bescheid wissen (Tab. 2). Eine wirksame Therapie ist von der Schulung des Arztes über Wirkweisen der Salbenheilstoffe sowie der Salbengrundlagen abhängig. Bei Vorbehandlung mit Kortison erfolgt eine Schaukeltherapie über eine Woche, dann können die in Tabelle 3 dargestellten Verfahren angewandt werden. Ergänzend zur Lokaltherapie können Antihistaminika zur Juckreizstillung verordnet werden.

Eine externe Kortisonbehandlung ist bei Nichtansprechen auf kortisonfreie Externa gemäß dem oben beschriebenen Schema (nach ca. 8 Tagen) mit einmal täglicher Anwendung eines Depot-Wirkstoffs zu empfehlen. Durch das Auftragen wird in der Oberhaut ein Depot angelegt, aus dem 24 Stunden lang Wirkstoff an die entzündete Haut abgegeben wird. Stark aufgekratzte Haut zeigt keine Depotbildung mehr (Aalto-Korte & Turpeinen, 1995). Die Kortisonwirkstoffe der Depotpräparate heißen:
• Hydrocortisonbutyrat
• Hydrocortisonbuteprat

- Hydrocortisonaceponat
- Methylprednisolonaceponat
- Prednicarbat
  (vgl. Niedner, 1996)

Es empfiehlt sich, nach einer deutlichen Hautbesserung, die Kortisonbehandlung etwa fünf weitere Tage konsequent durchzuführen und dann alle zwei Tage, später alle drei Tage über einen Zeitraum von zwei bis drei Wochen die Behandlung auszuschleichen. Die Patienten sollten bei immer wieder notwendig erscheinenden Kortisontherapien Kortisonpausen von mindestens 14 Tagen einhalten, um die chronischen Nebenwirkungen der Behandlung (s. „Langfristige Nebenwirkungen der lokalen Steroidtherapie") so gering wie möglich zu halten.

Die Kortisonpräparate unterscheiden sich in ihrer Wirkstärke (Tabelle 4; vgl. Niedner, 1996).

Langfristige Nebenwirkungen der lokalen Steroidtherapie
- De- /Hyperpigmentierung
- Verstärkte Anfälligkeit der Haut für Infektionen, v. a. Herpes simplex
- Verstärkte Mundwinkelrhagaden durch Staphylokokkeninfektion und Hautatrophie
- Hautatrophie
- Teleangiektasie
- Offene Stellen bei nur leichten Kratzeffekten
- Haarbalgatrophie sowie lokale Haarwuchsstörungen

Systemische Therapien

Zur Juckreizlinderung kann neben den beschriebenen Formen von Salben und Tinkturen eine systemische Kortikoidtherapie notwendig werden. Diese sollte jedoch wegen der Nebenwirkungen wenigen Ausnahmefällen vorbehalten bleiben. Sekundärschäden wie ein iatrogener Morbus Addison, eine

Tab. 2: Wirkstoffe in kortisonfreien Externa.

Wirkstoffe	Eigenschaften
• Zink	• entzündungshemmend und juckreizstillend
• Teer	• entzündungshemmend und juckreizstillend
• Gerbstoff	• adstringierend
• Salicylsäure	• schuppenlösend
• Resorcin, Chlorokresol in Castellani-Lösung	• leicht antimykotisch und antimikrobiell
• Lebertran	• entzündungshemmend und keratoplastisch
• Cardiospermum (Tannin, Saponin)	• entzündungshemmend und adstringierend
• Schwefel	• austrocknend und entzündungshemmend
• Natrium chloratum	• antientzündlich

Tab. 3: Vorschlag für die Salbenbehandlung bei Neurodermitis (*Rezepturen finden sich auf dem Arbeitsblatt „Merkblatt der Klinik").

Hautbefund	1. Wahl	2. Wahl
• erythematös und papelig	• morgens: Zinksalbe* • abends: Zink-Teer-Salbe	• Harnstoff (2mal täglich)
• schuppig und gerötet	• Lebertran-Salicylsäure-Mix* (2mal täglich)	• Natrium-chloratum-Salbe (2mal täglich)
• nässend und gerötet	• Gerbstoff-Lotio	• Zink-Schüttelmixtur*
• lichenifiziert und verdickt, besonders an Gelenken	• LCD in Unguentum molle*	• Gerbstoffcreme
• verkrustet, verhornt und plaqueartig	• Okklusiv-Verband mit Harnstoffsalbe	• nach Kaliumpermanganat- oder Gerbstoffbad: Lebertran-Salicyl-Mix
• Notfallcreme	• Polidocanol-Harnstoff-Mix	• Unguentum leniens mit 2 % Kochsalz*

Tab. 4: Wirkstärken von Kortisonexterna. Unter verschiedenen Handelsnamen werden Präparate mit dem gleichen Wirkstoff von pharmazeutischen Unternehmen angeboten.

Wirkstoff
Klasse I (schwach wirksam)
• Hydrocortison
• Prednisolon
• Fluocortinbutyl
• Triamcinolonacetonid
• Clocortolonpivalat
Klasse II (mittelstark wirksam)
• Clobetasonbutyrat
• Hydrocortisonaceponat
• Dexamethason
• Flumethasonpivalat
• Triamcinolonacetonid
• Fluoprednidenacetat
• Fluorandrenolon
• Hydrocortisonbutyrat
• Hydrocortisonbuteprat
• Clocortolonpivalat· plus hexanoat
• Betamethasonvalerat
• Methylprednisolonaceponat
• Prednicarbat
• Fluocinolonacetonid
• Desoximethason
Klasse III (stark wirksam)
• Mometasonfuroat
• Betamethasonvalerat
• Fluticason propionat
• Betamethasondpropionat
• Fluocortolon
• Fluocinolonacetronid
• Desoximethason
• Fluocinonid
• Amcinonid
• Diflucortolonvalerat
Klasse IV (sehr stark wirksam)
• Diflucortolonvalerat
• Clobetasolpropionat

Nebennierenrindenstörung und ein chronisches Erythem der Haut sind vorprogrammierte Nebenwirkungen bei voreiligem Einsatz der Kortisonpräparate.

Oft ist bei generalisiert nässenden Stellen eine externe Anwendung nicht mehr erfolgreich. Erst wenn der Juckreiz unter Kontrolle ist, kann die Haut abheilen. Neben Antihistaminika- und Sedativa-Behandlung ist bei manchen Patienten mit Acetylsalicylsäure ein antipruriginöser Effekt erzielbar (Nelson, 1996).

Bei Infektionen mit eitrigen Krusten durch Staphylococcus aureus ist heute Penicillin, Erythromycin oder Cephalosporin als systemische Gabe sinnvoller als eine lokale Applikation, da letztere zur Kontaktsensibilisierung führt.

Die Infektion mit Herpes simplex und ein Eczema herpeticatum bedürfen einer lokalen und systemischen Gabe von Aciclovir. Zusätzlich sollten hygienische Maßnahmen, eventuell Verbände, vor weiterer Ausbreitung schützen. Bei stark schuppiger, nicht abheilender Haut sollte nach erfolgtem Pilzabstrich eine antimykotische Therapie lokal und gegebenenfalls systemisch erfolgen.

Eine systemische Therapie mit Ciclosporin A als Immunostatikum und Interferon-gamma zum Einbau in den Immunablauf sowie Thymuspeptiden ist aufgrund unklarer Langzeitwirkungen bei der Neurodermitis im Kindesalter nur in therapieresistenten Fällen ausnahmsweise und unter strenger Kontrolle anzuwenden (Wahn & Niggemann, 1996). Sie ist eher als experimentelle Therapie anzusehen.

1.9 Fototherapie

Die Bedeutung der Bestrahlungsbehandlung mit UV-A und UV-B besteht in der Reduzierung einer ansonsten notwendigen systemischen und externen Kortikoidbehandlung, der Verminderung des Juckreizes, der Wiederherstellung eines normalen Schlafrhythmus und einer zumindest über mehrere Wochen anhaltenden Remission. Als unmittelbare Nebenwirkungen sind Xerosis, Gesichtserythem, Herpes labialis und Sonnenbrand bekannt. Dosisabhängige Spätfolgen, wie die mögliche Entwicklung von Hauttumoren, schrecken insbesondere Pädiater davon ab, die UV-A- und UV-B-Bestrahlung routinemäßig ins Therapieregime der Neurodermitis aufzunehmen. Auch wenn einige Autoren (Collins & Ferguson, 1995) unter Standardbedingungen UV-B-Bestrahlungen durchführen, bleibt das Hautkrebsrisiko für Heranwachsende beim derzeitigen Wissensstand ungeklärt (Krutmann, 1996; Rees, 1996).

Zusammenfassung

Die ärztlichen, diätetischen und verhaltensmedizinischen Interventionen erfordern einen kontinuierlichen Informationsfluß zwischen Patient, Eltern und Arzt (Mc Henry et al., 1995). Der Hausarzt muß dabei große Anstrengungen unternehmen, um das elterliche Vertrauen nicht zu enttäuschen.

Die Ebenen der Einflußnahme sind vielfältig und ineinandergreifend (Abb. 4). Eine verhaltensmedizinische Intervention mit Eltern und die Patientenschulung durch ein interdisziplinäres Team aus Ärzten, Psychologen, Diätassistenten, Sportlehrern und Krankenschwestern könnte dem Patienten und seiner Familie dabei helfen, die Neurodermitis in ihren schwierigen Phasen zu bewältigen (Petermann 1996; Salzer, Schuch, Rupprecht & Hornstein, 1994).

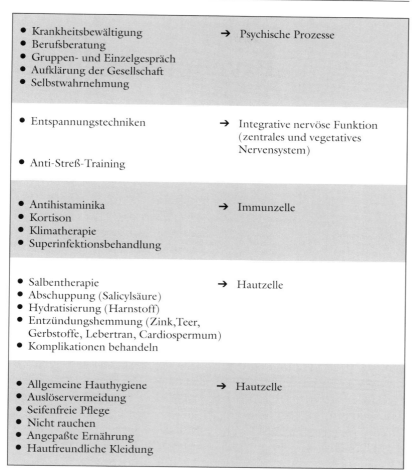

- Krankheitsbewältigung
- Berufsberatung
- Gruppen- und Einzelgespräch
- Aufklärung der Gesellschaft
- Selbstwahrnehmung

→ Psychische Prozesse

- Entspannungstechniken

→ Integrative nervöse Funktion (zentrales und vegetatives Nervensystem)

- Anti-Streß-Training

- Antihistaminika
- Kortison
- Klimatherapie
- Superinfektionsbehandlung

→ Immunzelle

- Salbentherapie
- Abschuppung (Salicylsäure)
- Hydratisierung (Harnstoff)
- Entzündungshemmung (Zink, Teer, Gerbstoffe, Lebertran, Cardiospermum)
- Komplikationen behandeln

→ Hautzelle

- Allgemeine Hauthygiene
- Auslöservermeidung
- Seifenfreie Pflege
- Nicht rauchen
- Angepaßte Ernährung
- Hautfreundliche Kleidung

→ Hautzelle

Abb. 4: Ebenen der Prävention und Therapie.

2
Psychologische Aspekte der Neurodermitis

Psychischen Faktoren wird eine zentrale Stellung innerhalb des multifaktoriellen Krankheitsgeschehens der Neurodermitis zugeschrieben (u. a. Fuchs & Schulz, 1988; Halford & Miller, 1992; Rajka, 1986, 1989; Steigleder, 1996). Dennoch ist das konkrete Wissen über die Interaktionen zwischen Psyche und Haut äußerst gering (Steinhausen, 1993). Unbestritten ist jedoch, daß psychische Faktoren den Verlauf der Neurodermitis beeinflussen. Dazu existieren vielfältige psychologische Konzepte.

2.1 Ätiologische Voraussetzungen

Der Vollständigkeit halber sollen auch die Thesen zur „Neurodermitiker-Persönlichkeit" und Studien zur Mutter-Kind-Interaktion kurz beschrieben werden, obwohl solche Überlegungen die konkrete verhaltensmedizinische Arbeit kaum beeinflussen. Die Kenntnis solcher Konzepte ist jedoch wichtig, um auf entsprechende Fragen der Betroffenen sachkundig reagieren zu können. Detaillierte Überblicke zu diesen Fragen liegen bereits an anderer Stelle vor (u. a. Warschburger, 1996; Welzel-Rührmann, 1995).

Persönlichkeitsprofil

In zahlreichen Studien wurde versucht, die These des spezifischen prämorbiden Persönlichkeitsprofils der Patienten mit Neurodermitis zu untermauern. Die Betroffenen wurden als besonders ängstlich, aggressiv und sozial inkompetent beschrieben. Die Forschung lieferte äußerst widersprüchliche Ergebnisse, so daß dieser Ansatz von vielen Autoren mittlerweile als gescheitert betrachtet wird (u. a. Gil & Sampson, 1989; Niepoth, 1993; Richter & Ahrens, 1988).

So fand etwa die Hälfte der dargestellten Studien psychische Auffälligkeiten in der erwarteten Richtung (Faulstich, Williamson, Duchmann, Conerly & Brantley, 1985; Gieler, Ehlers, Höhler & Burkard, 1990; Hermanns, 1991; Jordan & Whitlock, 1972; Mohr & Bock, 1993; Singh & Srivastava, 1986; White, Horne & Varigos, 1990), die andere Hälfte nicht (Gieler, Schulze & Stangier, 1985; Haynes, Wilson, Jaffe & Britton, 1979; Jordan & Whitlock, 1974; Korth, Bonnaire, Rogner & Lütjen, 1988; Ring, Palos & Zimmermann, 1986). Insgesamt sind die beobachteten Persönlichkeitsauffälligkeiten sehr breit gefächert und lassen kein einheitliches Muster oder gar eine spezifische Persönlichkeitsstruktur erkennen (Richter & Ahrens, 1988). Relativ häufig fanden sich Angstwerte oberhalb des Normbereichs (u. a. Faulstich et al., 1985; Hermanns, 1991); der meist fehlende Vergleich mit anderen atopischen Erkrankungen läßt offen, ob dies ein besonderes Kennzeichen für die Patienten mit Neurodermitis ist. Neuere Arbeiten deuten übereinstimmend darauf hin, daß das Konzept der „Neurodermitiker-Persönlichkeit" empirisch nicht abgesichert werden kann. Die vermutete pathogenetische Relevanz der teilweise beobachteten Auffälligkeiten können nur prospektive Studien mit Neuerkrankten oder besser mit Risikogruppen aufdecken. Solche Studien liegen bisher nicht vor. Für die therapeutische Arbeit und die Entwicklung von Interventionsstrategien ist zudem die Frage nach der spezifischen Persönlichkeit wenig relevant. Die Betroffenen, die häufig mit solchen Stereotypen konfrontiert werden, können entlastet werden: Patienten mit Neurodermitis unterscheiden sich in ihren Persönlichkeitsmerkmalen nicht von der Gesamtbevölkerung. Von Interesse für die therapeutische Arbeit ist die Identifikation besonders belasteter Patientengruppen, die eine spezielle Unterstützung benötigen. Studien, die einen Vergleich mit gering belasteten Gruppen herstellen, helfen die Faktoren einer angemessenen Krankheitsverarbeitung herauszuarbeiten.

Mutter-Kind-Interaktion

Die Interaktion zwischen Müttern und neurodermitiskranken Kindern wurde oftmals als feindselig und gestört beschrieben. Die Vermutung, daß sich die Eltern gegenüber ihrem Kind abweisend verhalten, ließ sich nicht erhärten (Brückmann & Niebel, 1995; Daud, Garralda & David, 1993).

Dennoch wurden Auffälligkeiten im Umgang der Eltern mit dem Kind festgestellt (Liedtke, 1990; Ring & Palos, 1986), jedoch nur in den Familien mit einem chronisch kranken, nicht mit einem akut erkrankten Kind (Solomon & Gagnon, 1987). Dieses Interaktionsverhalten ist somit eher als Folge der Krankheit des Kindes zu verstehen und nicht für dessen Entstehung verantwortlich: Vergleichbare Beobachtungen in Familien mit anderen chronischen Störungsbildern (u.a. Hermanns, Florin, Dietrich, Rieger & Hahlweg, 1989; Überblicksarbeit von Noeker & Petermann, 1996) deuten darauf hin, daß es sich um krankheitsunspezifische, belastungsinduzierte Veränderungen handelt. Untersuchungen, die kurz nach Erkrankungsbeginn durchgeführt wurden, konnten keine Auffälligkeiten feststellen.

Diese Studien unterstreichen, welche Belastung die Erkrankung eines Kindes an Neurodermitis für die Familie, speziell die Eltern, darstellt. Sind auffällige Veränderungen im Interaktionsverhalten zu beobachten, sollte therapeutisch darauf eingegangen werden. Den Eltern kann jedoch die Angst genommen werden, sie hätten durch ihre Zurückweisung dazu beigetragen, daß ihr Kind an Neurodermitis erkrankt ist.

2.2 Psychische Einflüsse

Streß wird allgemein eine wesentliche Rolle bei der Entstehung und Aufrechterhaltung der Neurodermitis zugeschrieben. Zahlreiche Patienten bringen eine Schubauslösung mit psychischen Belastungen in Zusammenhang. Roth und Kierland (1964) befragten Patienten mit Neurodermitis, was bei ihnen einen Krankheitsschub auslöst. 66% der Patienten mit leichter und 80% der Patienten mit schwerer Symptomatik nahmen eine Hautverschlechterung infolge emotionaler Belastung und Müdigkeit wahr. Vergleichbare Ergebnisse wurden in einer neueren Studie von Kissling und Wüthrich (1993) berichtet. Inhaltlich wurden gehäuft berufliche oder Prüfungsbelastungen, Probleme in der Familie oder mit dem Partner und Durchleben einer Trennung genannt (Ott, Schönberger & Langenstein, 1986). Vergleichbare Berichte liegen auch für Kinder und Jugendliche vor. Typische Situationen für aktuelle Verschlechterungen des Hautzustands bei Kindern sind Abwesenheit der Eltern, Streitigkeiten und Spannungen zwischen den Eltern, Konflikte mit Geschwistern und Schulkameraden, Schulwechsel oder Umzug (Bosse, 1990). Seikowski und Badura (1993) konnten bei an Neurodermitis erkrankten Kleinkindern während zwischenmenschlicher Konflikte verstärkten Juckreiz und Kratzen beobachten. Aus Gesprächen mit betroffenen Kindern und Jugendlichen ergab sich, daß Juckreiz und Kratzen häufig bei emotionaler Erregung (v. a. bei Ärger und Wut) auftraten (Ring & Palos, 1986). Dieser Zusammenhang zwischen emotionaler Belastung und verschlechtertem Hautzustand ließ sich auch in Fragebogenstudien nachweisen (Bochmann, 1992; Umann, 1992).

Insgesamt weisen die dargestellten Befunde darauf hin, daß die Betroffenen den psychischen Belastungen eine wichtige Rolle sowohl bei der Entstehung als auch für den weiteren Krankheitsverlauf zuschreiben. Um diese subjektiv wahrgenommene Interaktion zwischen Streßerleben und einer Verschlechterung des Hautzustandes zu untersuchen, sind kontrollierte Längsschnittstudien mit standardisierten Verfahren nötig, die ein vergleichsweise höheres Ausmaß an Streß vor einem aktuellen Schub nachweisen können.

Arbeiten dieser Art sollen im folgenden Abschnitt kurz vorgestellt werden.

Kritische Lebensereignisse als Stressoren

Untersucht wurde einerseits, ob kritische Lebensereignisse im Vorfeld von Krankheitsschüben vermehrt auftreten. Hierzu baten Köhler und Niepoth (1988) 57 Patienten die Anzahl ihrer kritischen Lebensereig-

nisse in den letzten vier Monaten anhand einer standardisierten Liste anzugeben. Patienten, die akute Schübe in letzter Zeit aufwiesen, unterschieden sich hinsichtlich der Anzahl der kritischen Lebensereignisse nicht von solchen ohne Krankheitsschub.

Bedeutsamer als massive Veränderungen im Leben einer Person sind anscheinend alltägliche Belastungen. Schubert (1989) ließ über drei Monate hinweg neun chronisch hautkranke Patienten, darunter sechs mit Neurodermitis, Tagebuch über ihre emotionale Befindlichkeit, ihren Alltagsstreß und ihren Hautzustand führen. Je negativer die Befindlichkeit und je höher die Belastung, desto stärker waren Juckreiz und Kratzen und desto schlechter war der Hautzustand; bei positiver Stimmung hingegen nahmen die Patienten ihren Hautzustand als besser und den Juckreiz als weniger intensiv wahr.

King und Wilson (1991) konnten diese Beobachtungen an einer Gruppe von 50 Patienten im wesentlichen bestätigen. Ihre Ergebnisse deuten darauf hin, daß der schlechte Hautzustand selbst wieder Streß erzeugt. Zu beachten gilt, daß in beiden Studien die Höhe der Beziehung zwischen Streß und Hautzustand von Person zu Person stark variierte. Damit ist im Einzelfall stets anamnestisch zu prüfen, welche Rolle Streß spielt und welche Belastungen besonders relevant für den Einzelnen sind.

Psychosoziale Auswirkungen als Stressoren

Die Sichtbarkeit und Chronizität der Erkrankung stellt eine zentrale Streßquelle dar (Kaptein, 1990). Hauterkrankte sehen sich einer negativen, sozial abwertenden Einstellung in der Bevölkerung gegenüber. Vielfach löst der Anblick von Hauterkrankungen Ekel und Angst vor Ansteckung aus; den Betroffenen wird die Schuld an ihrem Hautzustand zugeschrieben (Hornstein, Brückner & Graf, 1973).

Die Studie von Jowett und Ryan (1985) verdeutlicht, wie viele und welche Lebensbereiche besonders betroffen sind. Sie befragten u. a. 32 Ekzempatienten. Im Mittelpunkt stehen für 30 % der ständige Juckreiz, für 30 % die Einschränkungen in der Freizeitgestaltung und für 20 % die Auswirkungen auf die körperliche Attraktivität (z. B. Narben im Gesicht). Die meisten schämten sich für ihre Erkrankung und hatten Angst vor dem ungewissen Krankheitsverlauf. Viele fühlten sich unsicher im Umgang mit anderen und berichteten über depressive Reaktionen. Beklagt wurde vor allem das geringe Verständnis von Nichtbetroffenen für die Erkrankung und deren Behandlungserfordernisse. Immerhin 16 % nahmen eine ausgeprägte Einschränkung im sozialen Leben wahr. Sie fühlen sich aufgrund ihrer Erkrankung emotional stark belastet und beruflich sowie sozial eingeschränkt und diskriminiert.

Diese Belastungen können mit zunehmender Krankheitsdauer noch weiter ansteigen. Korth, Bonnaire, Rogner und Lütjen (1988) stellten 26 Patienten mit chronischer Neurodermitis einer Gruppe von 17 akut Hautkranken (Erkrankung an Pityriasis rosea) gegenüber. Insgesamt fühlten sich die Patienten mit Neurodermitis stärker belastet als die akut Hautkranken. Beeinträchtigt sahen sie sich v. a. im beruflichen Alltag, im Umgang mit Freunden und bei Körperkontakt sowie bei ihrer Körperpflege, der Kleidungswahl und bei ihrer Ernährung.

2.3 Psychosoziale Belastungen neurodermitiskranker Kinder und Jugendlicher

Einschränkungen der Lebensqualität

Insgesamt deuten die dargestellten Arbeiten darauf hin, daß sich Neurodermitiker – zumindest eine Teilgruppe – sehr belastet fühlen. Im Mittelpunkt standen immer wieder die Sichtbarkeit der Erkrankung und eine empfundene Verminderung der physischen Attraktivität. Mit dem Eintritt ins Jugendalter gewinnt eine attraktive äußere Erscheinung zunehmend an Bedeutung

(Rauch & Jellinek, 1989). Für chronisch kranke Kinder und Jugendliche steht die Sorge um ihre körperliche Erscheinung und deren negativer Einfluß auf die Beziehung zu Gleichaltrigen im Mittelpunkt (Spirito, DeLawyer & Stark, 1991). Gerade die Altersgruppe der 10- bis 18jährigen leidet am deutlichsten unter einer sichtbaren Hauterkrankung (Hill-Beuf & Porter, 1984). Dies verdeutlicht, daß gerade für diese Altersgruppe psychosoziale Unterstützung im Umgang mit der Erkrankung dringend erforderlich ist. Einige Daten sollen dies nochmals unterstreichen.

Umann (1992) untersuchte bei 70 neurodermitiskranken Kindern und Jugendlichen im Alter zwischen neun und 18 Jahren, wie häufig krankheitsbedingte Belastungen auftreten. Insgesamt erlebte sich diese Gruppe als nur gering beeinträchtigt. Am häufigsten wurde über Schlaf- und Konzentrationsstörungen geklagt. Etwa ein Viertel stellte leistungsbezogene Nachteile in Schule und Ausbildung stärker heraus. Rund ein Fünftel stufte vor allem das Eincremen als belastend ein. Selten berichteten die Kinder über eine negative Einstellung zum eigenen Körper oder eine stärkere soziale Benachteiligung (wie weniger Freunde haben oder angestarrt werden). Wie erwartet stieg das Ausmaß der Belastung mit der Schwere der beobachteten Hautveränderungen an. Die insgesamt eher geringe Belastung der Kinder kann teilweise

darauf zurückgeführt werden, daß die Gruppe eher leicht bis mittelstark betroffen war (nach Einschätzung des Arztes) und noch nicht lange unter Neurodermitis litt.

Psychopathologische Auffälligkeiten

Kontrovers wird diskutiert, ob chronische Erkrankungen im Kindes- und Jugendalter mit einer erhöhten Zahl an behandlungsbedürftigen psychischen Störungen einhergehen. In der Arbeit von Daud et al. (1993) waren die neurodermitiskranken Kinder insgesamt psychopathologisch auffälliger als die gesunden Kinder; die Problembereiche betrafen vor allem Ängste. Keine Unterschiede zeigten sich in puncto Stimmungsschwankungen und Wutausbrüchen oder in der Konzentrationsfähigkeit. Die Verhaltensprobleme waren insgesamt sehr mild ausgeprägt. Zu einem vergleichbaren Ergebnis gelangen Rauch et al. (1991). Die hautkranken Kinder waren nicht psychisch auffälliger als Kinder in ambulanter pädiatrischer Versorgung. In beiden Studien erwies sich jedoch der Schweregrad der Hauterscheinungen als eine wichtige Einflußgröße: Je stärker die äußerliche Beeinträchtigung, desto häufiger traten psychische Auffälligkeiten auf.

Für die Planung von Trainingsprogrammen ist es wichtig, daß das Erleben von Kompetenzen in anderen Bereichen (wie z. B. Sport) oder von Selbstwirksamkeit im Umgang mit der Erkrankung die emotionale Belastung aufgrund der Hauterkrankung reduzieren kann (Hill-Beuf & Porter, 1984; Umann, 1992). Gerade das Erleben von Selbstwirksamkeit im Umgang mit der Erkrankung stellt einen wesentlichen Ansatzpunkt für verhaltensmedizinische Interventionen dar (vgl. Bandura, 1977).

Belastung der Familien

Chronische Erkrankungen im Kindes- und Jugendalter belasten nicht nur die Betroffenen, sondern auch deren Familien (vgl. Noeker & Petermann, 1996; Steinhausen, 1996). Auf Auswirkungen auf die Beziehung zwischen Mutter und Kind wurde bereits hingewiesen. Im Vergleich zu Müttern gesunder Kinder klagen die Mütter neurodermitiskranker Kinder häufiger über mangelnde soziale Unterstützung und eine ausgeprägte Belastung durch die Erkrankung des Kindes. Sie fühlten sich müde und „völlig am Ende". Negative Einflüsse werden unter anderem auch auf das Ehe- und Familienleben berichtet (Daud et al., 1993).

Diese Belastungen der Eltern scheinen in akuten Krankheitsphasen besonders ausgeprägt zu sein (Hänsler, 1990). Die angespannte Situation wirkt sich wiederum negativ auf den Umgang mit der Erkrankung des Kindes sowie den Hautzustand des Kindes aus (Gil et al., 1987).

Die Situation für die Eltern neurodermitiskranker Kinder ist durch viele Unsicherheiten im Umgang mit der Erkrankung und dem leidenden Kind, durch die Auseinandersetzung mit häufigen Ratschlägen und unterschiedlichen Behandlungsansätzen geprägt. Scheitert der Versuch, die Neurodermitis in den Griff zu bekommen, kann dies bei den Eltern zu Gefühlen der Enttäuschung, Wut, Angst und Schuld führen. Die Eltern stehen vor einer großen Aufgabe: Einerseits müssen sie die krankheitsbedingten Einschränkungen und Belastungen beim Kind erkennen und respektieren, andererseits darf das neurodermitiskranke Kind durch Überbehütung nicht zu stark eingeschränkt werden. Wird diese Aufgabe nicht positiv bewältigt, kann es beim Kind zu zusätzlichen Verhaltensstörungen, sozialer Unsicherheit und Rückzugsverhalten kommen. Zwar benötigt das Kind Unterstützung im Umgang mit der Erkrankung, aber die Neurodermitis darf nicht zum Mittelpunkt des familiären Alltags werden. Die Entwicklung und die Förderung psychosozialer Fertigkeiten, wie Kontaktfähigkeit, angemessener Selbstbehauptung, Kooperationsfähigkeit und Selbstkontrolle, stellen die wesentlichen Faktoren für eine positive Krankheitsbewältigung dar.

Der folgende Überblick soll helfen, die Vielzahl und Vielfalt der psychosozialen Belastungen, die neurodermitiskranke Kinder und Jugendliche erleben

können, zu verdeutlichen. Diese Klassifikation knüpft an eine Systematik der Belastung bei chronischen Erkrankungen im Kindes- und Jugendalter an, die von Petermann, Noeker und Bode (1987) entwickelt wurde.

Psychosoziale Belastung für neurodermitiskranke Kinder und Jugendliche (nach Skusa-Freeman et al., 1997; S. 330).
Alltagsbewältigung

- Disziplin bei der Therapiemitarbeit: tägliches Eincremen, Einnahme der Medikamente, Realisieren von Kratzalternativen, Arztbesuche
- Vermeiden von möglichen Allergenen (z. B. Nahrungsmittel, Haustiere oder Stoffe)
- Durchschlafschwierigkeiten mit morgendlichem Unausgeschlafensein
- Sonderrolle in der Familie und dadurch Rivalitäten mit den Geschwistern (z. B. um die Zuwendung der Eltern)
- Erklärungen über das Hautbild anderen gegenüber abgeben
- Soziale Isolation und Erfahrungen mit sozialer Ausgrenzung
- Einschränkung in Freizeit und Sport (z. B. Schwimmen)
- Schulische Benachteiligung und Probleme, die von

Durchschlafschwierigkeiten herrühren können

- Einschränkungen im Hinblick auf Berufswahl, -ausbildung und -tätigkeit

Klinikaufenthalte

- Angst vor unerwarteten Hospitalisierungen
- Trennung von Familie und Freunden, von der vertrauten Umgebung und gewohnten Aktivitäten
- Schulische Fehlzeiten
- Eingeschränkte Aktivitäten

Beeinträchtigung der Unversehrtheit und Integrität

- Angstbesetztes Beobachten von Gesundheits- und vor allem Hautzustand
- Ästhetische Nebenwirkungen von Salben und Cremes
- Bewältigen des Juckreizes und Hautzustandes (v. a. nach Kratzattacken)

Identitätsentwicklung und Zukunftsperspektive

- Unsicherheit über die Prognose
- Einschränkung der privaten, schulischen und beruflichen Perspektive
- Ablösungsprobleme vom Elternhaus
- Antizipation späterer Partnerschaftsprobleme
- Frage nach dem Sinn der Erkrankung

Selbstbild und Selbstwert

- Auseinandersetzen mit einem veränderten Körperkonzept

- Auseinandersetzung mit der Sichtbarkeit der Erkrankung
- Definition der eigenen Krankenrolle
- Angst vor Krankheitsschüben, Scham vor Hautausschlägen und Kratzspuren
- Schuldgefühle und Selbstvorwürfe hinsichtlich möglicher Unterlassungen in der Behandlung
- Enttäuschung über eine Verschlechterung des Krankheitszustandes
- Stigmatisierung als chronisch Kranker
- Verbitterung über die Erkrankung, deren Behandlung und die Behandler
- Einschränkung jugendlicher Autonomiebestrebungen
- Verändertes Kommunikationsverhalten durch Selbstunsicherheit und -abwertung
- Rückzug aus Angst vor Ablehnung und Ausgrenzung

2.4 Beziehung zwischen psychischer Belastung und Hautzustand

Insgesamt zeigten die vorangegangenen Ausführungen, daß psychosoziale Belastungen den Hautzustand negativ beeinflussen können. Dabei wurde noch

nicht deutlich, auf welchem Weg sie dies tun. Die Betrachtung dieser Frage kann jedoch wesentliche Ansatzpunkte für Interventionsmaßnahmen aufzeigen.

In Anlehnung an Münzel (1997) wird im folgenden zwischen einer direkten und einer indirekten Wirkung psychosozialer Belastung unterschieden:

- Die mit psychosozialen Belastungen einhergehenden physiologischen Veränderungen bewirken **direkt** eine Verschlechterung des Hautzustands.
- Die psychosoziale Belastung verstärkt **indirekt** über eine Verhaltensänderung (z. B. Kratzen, Hautpflege oder Ernährung) die Hautsymptomatik.

Die genaue Art der Vermittlung ist derzeit noch ungeklärt (Stangier, Eschstruth & Gieler, 1987). Beide Wege können sich ergänzen und wechselseitig beeinflussen (vgl. Abb. 5).

Physiologische Veränderungen infolge von Streß

Klinische Beobachtungen zum Zusammenhang zwischen Streß und Hautzustand führten zu der Frage, ob die Patienten mit Neurodermitis besonders sensibel auf Streß reagieren. In diesem Zusammenhang wurde immer wieder auf die Ergebnisse von Faulstich et al. (1985) verwiesen. Die Autoren untersuchten, ob bei Neurodermitis eine generell erhöhte autonome

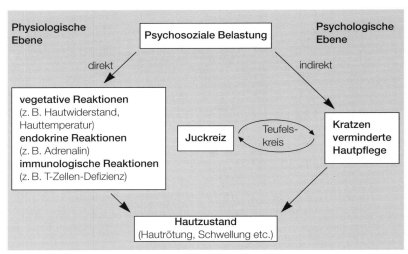

Abb. 5: Modellvorstellung zur direkten und indirekten Beeinflussung des Hautzustandes durch psychische Faktoren (nach Warschburger, 1996; S. 69).

Erregung in Streßsituationen vorliegt. Patienten mit Neurodermitis und Hautgesunde wurden drei verschiedenen Stressoren ausgesetzt: Intelligenztest, Erinnerung an eine angstbeladene Situation und Eiswassertest. Nur beim Eiswassertest zeigten die Patienten eine verstärkte Anspannung. Die Aussagekraft dieser Befunde ist insofern eingeschränkt, da möglicherweise der Eiswassertest für Hautpatienten schmerzhafter war als für Kontrollpersonen. In weiteren Studien ließ sich keine erhöhte physiologische Reaktion unter Streßbedingungen feststellen (u.a. Arnetz, Fjellner, Eneroth & Kallner, 1991; Koehler & Weber, 1992; Münzel & Vogt, 1994). Einzige Ausnahme bildet die Arbeit von Münzel und Schandry (1990): Hier zeigten sich bei einem Teil der Patien-

ten Unterschiede zur Kontrollgruppe.

Es finden sich bislang keine überzeugenden Belege für eine allgemein erhöhte Streßreaktion. Dennoch sind die mit psychosozialen Belastungen einhergehenden physiologischen Veränderungen von Bedeutung. Mit den streßinduzierten Veränderungen gehen z.B. eine verstärkte Juckreizwahrnehmung und eine größere Hautrötung einher (Fjellner & Arnetz, 1985; Fjellner, Arnetz, Eneroth & Kallner, 1985). Dabei unterscheiden sich Patienten mit Neurodermitis selbst im äußersten Fall nur in geringem Maß von gesunden Kontrollpersonen. Diese Veränderungen sind jedoch vor dem Hintergrund des chronischen Krankheitsgeschehens von besonderer Bedeutung, da dadurch ein Einstieg in den Teu-

felskreis aus Jucken und Kratzen erfolgen kann.

Gesundheitsrelevantes Verhalten in Streßsituationen

Bei der Neurodermitis stehen als Symptome Juckreiz und Kratzen im Mittelpunkt. Auf Juckreiz wird von den Betroffenen fast immer mit Kratzen reagiert. Dieser Reflex verliert bei chronischem Juckreiz seine ursprünglich sinnvolle Funktion und trägt entscheidend zur Aufrechterhaltung der Neurodermitis bei. Stangier et al. (1987) beschreiben in ihrem Modell des Juckreiz-Kratz-Zirkels Kratzen als Verstärkungsprozeß durch Minderung des Juckreizes oder Aufmerksamkeit von außen. Häufiges und intensives Kratzen führt zudem zu sekundären Entzündungen, die das erneute Erleben von Juckreiz begünstigen. So kommt es zu einem sich selbst aufschaukelnden Prozeß aus dem Erleben von Juckreiz, nachfolgendem Kratzen, das wiederum die Schwelle für das Erleben von Juckreiz senkt (Abb. 6).

Prinzipiell können Juckreiz und Kratzen in jeder beliebigen Situation auftreten (Kaschel, 1990); in folgenden Situationen wurde jedoch ein vermehrtes Auftreten berichtet (Frey, 1992; Niebel, 1990; Niebel & Welzel, 1990; Ott et al., 1986):

- Beim Wechsel von einer aktiven zu einer ruhigen Tätigkeit (z.B. Fernsehen)
- Kurz vor dem Einschlafen (abends)

- Bei Langeweile
- Nach Ärger
- In Wartesituationen
- Bei unterschwelligen Konflikten
- Bei starker mentaler Belastung

Wie experimentelle Studien zeigten, gehen Belastungssituationen mit einer verstärkten Juckreizwahrnehmung (vgl. Cormia, 1952; Edwards, Shellow, Wright & Dignam, 1976) und stärkerem Kratzen (vgl. Gil et al., 1988; Seikowski & Badura, 1993; Stumpf-Curio, 1993) einher. Dieser Kreis kann sich so verselbständigen, daß Kratzen in diesen Situationen ohne die vorherige Wahrnehmung von Juckreiz auftritt. Durch Konditionierungsprozesse kann der Kreis der kratzauslösenden Reize (wie Juckreiz oder Allergenkontakt) immer weiter ausgedehnt werden. Zentral für die Planung von Interventionen ist vor allem, daß die Zuwendung von außen (sei es durch Vorwürfe oder „gutgemeinte" Ratschläge) das Kratzverhalten noch verstärkt. So konnten beispielsweise Gil et al. (1988) zeigen, daß bei kleinen Kindern die Aufmerksamkeit der Mutter einen großen Anteil des Kratzens bedingt.

Neben der psychischen Belastung scheint der aktuelle kognitive Umgang mit dem Juckreiz von Bedeutung zu sein. Hermanns (1991) gelang es experimentell, den erlebten Juckreiz und die Hautreaktion durch oberflächliche Injektion von Histamin in die Haut kurz-

fristig zu beeinflussen. Wurden die Folgen dieser Injektion als unkontrollierbar und unvorhersehbar beschrieben, wurde der Juckreiz stärker wahrgenommen als bei geringfügig eingestuften Folgen. Daneben erwies sich eine Ablenkung vom Juckreiz im Vergleich zur Konzentration auf das Juckreizerleben als positiv (Juckreiz wurde als weniger schmerzhaft erlebt; Hermanns & Scholz, 1992). Dies zeigt, daß die Wahrnehmung von Juckreiz kognitiv beeinflußt werden kann. Die Bedeutung dieser Zusammenhänge wird noch dadurch unterstrichen, daß ein katastrophierender Umgang mit dem Juckreiz mit schlechteren Effekten einer verhaltensmedizinischen Behandlung einherging (Ehlers, Stangier, Dohn & Gieler, 1993).

Neben dem Kratzen kommt der Hautpflege (kontinuierliches Rückfetten, nicht zu häufiges Duschen oder Baden etc.; vgl. Braun-Falco, 1988; Gloor, 1992) eine wichtige Bedeutung zu. Diese Einflüsse wurden bisher in der Forschung wenig berücksichtigt. Eine angemessene und regelmäßige Hautpflege ist bei der Behandlung der Neurodermitis besonders wichtig, um der trockenen Haut entgegenzuwirken (Braun-Falco, 1988; Jäger, 1990). Mit einer optimalen Compliance, d. h. Bereitschaft des Patienten zur Mitarbeit bei therapeutischen Maßnahmen wie hier die kontinuierliche Hautpflege, bessert sich auch der Hautzustand (Broberg, Kalimo, Lindblad &

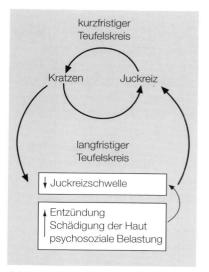

Abb. 6: Modellvorstellung zum Zusammenhang zwischen Juckreiz und Kratzen (nach Warschburger, Niebank & Petermann, 1997; S. 291).

Swanbeck, 1990). Münzel (1997) weist als weitere mögliche Erklärungsvariablen auf veränderte Ernährungsgewohnheiten und Medikamentengebrauch unter Belastung hin. Hierzu liegen derzeit noch keine Studien vor.

2.5 Schlußfolgerungen für die Praxis

Das Forschungsinteresse hat sich in den letzten Jahren verschoben. Während in älteren Arbeiten vor allem die ätiologische Bedeutung psychischer Faktoren hervorgehoben wurde, tritt diese Fragestellung zugunsten der Untersuchung aufrechterhaltender Bedingungen in den Hintergrund. Diese Entwicklung ist darauf zurückzuführen, daß kontrollierte Studien die Thesen einer krankheitsspezifischen Persönlichkeit und einer gestörten Mutter-Kind-Interaktion fraglich erscheinen lassen. Die gezeigten psychischen Besonderheiten sind wohl eher als Folge der Erkrankung denn als deren Ursache anzusehen. Es finden sich Hinweise dafür, daß psychosoziale Belastungen mit einer Exazerbation des Hautzustands und der Aufrechterhaltung der akuten Symptomatik in Beziehung stehen. Diese Beziehung ist wechselseitig: Streß führt zu einer Verschlechterung des Hautzustands, ein schlechter Hautzustand löst Anspannung aus.

Bei der vermittelnden Wirkung von psychosozialer Belastung wurden zwei Wege diskutiert: die direkten physiologischen Wirkungen von Streß sowie das mit Streß einhergehende veränderte Gesundheitsverhalten. Die empirische Befundlage ist nicht ausreichend und zu inkonsistent, um definitive Aussagen hinsichtlich des Stellenwerts der beiden potentiellen Vermittlungswege zu treffen (Münzel, 1997). Dennoch lassen die empirischen Studien eine Reihe von Schlußfolgerungen für erfolgversprechende Ansätze zur Intervention zu.

Das multifaktorielle, chronische Krankheitsgeschehen bei Neurodermitis macht einen integrativen, komplexen Behandlungsansatz erforderlich. Dieser muß neben einer angemessenen medizinischen Therapie den psychischen Einflüssen Rechnung tragen. Vor allem die Ausführungen zum Juckreiz-Kratz-Zirkel haben verdeutlicht, welche zentrale Rolle ihm im Krankheitsgeschehen zukommt.

Juckreiz und Kratzen spielen nicht nur im Erleben der Betroffenen die wichtigste Rolle, sondern dieser Teufelskreis erklärt zu einem großen Teil die Chronifizierung der Neurodermitis. Er kann durch eine Vielzahl von Faktoren (wie z. B. Hausstaub) in Gang gesetzt werden. Im Laufe der Zeit können zu diesen primär krankheitsrelevanten Auslösern durch Konditionierungsprozesse zahlreiche weitere hinzukommen. Damit vergrößert sich die Gefahr des Kratzens. Bei den auslösenden Situationen wurde vor allem auf Anspannungs- und Streßsituationen aller Art hingewiesen. Es ist dabei nicht so sehr auf die einschneidenden Ereignisse im Leben einer Person (wie Tod einer nahestehenden Person) zu achten, sondern auf die „gewöhnlichen" Belastungen im Alltag (wie den Streit auf dem Spielplatz oder die bevorstehende Klassenarbeit).

3
Konzeption eines
Neurodermitis-Verhaltenstrainings

Der chronische Verlauf der Neurodermitis erfordert von den Betroffenen einen eigenverantwortlichen Umgang mit ihrer Erkrankung. Sie sollten frühe Anzeichen eines Krankheitsschubs erkennen können und über das Wissen und die Fertigkeiten verfügen, den weiteren Verlauf günstig zu beeinflussen. Ohne dieses Wissen und die entsprechende Handlungskompetenz vergrößert sich die Gefahr eines langandauernden Krankheitsverlaufs. Dies ist vor allem auch vor dem Hintergrund der zahlreichen psychosozialen Belastungen der Kinder und Jugendlichen sowie ihrer Familien zu betrachten.

3.1 Ansatzpunkte für ein Verhaltenstraining

In den vorangegangenen Kapiteln wurde auf das Krankheitsbild, die medizinische Therapie und die Rolle von psychischen Faktoren im Krankheitsverlauf eingegangen. Diese Ausführungen sollen in ein „Krankheitsmodell der Neurodermitis" integriert werden, aus dem sich die wesentlichen Ansatzpunkte der verhaltensmedizinischen Intervention ableiten lassen.

Im Mittelpunkt des Krankheitsgeschehens steht der als quälend und belastend erlebte Juckreiz. Die Wahrnehmung von Juckreiz kann durch zahlreiche Faktoren ausgelöst werden. Diese Auslöser treffen auf die „sensible" Haut der Neurodermitiker. Juckreiz ist reflexhaft mit Kratzen verbunden. Kratzen vermindert kurzfristig das Erleben von Juckreiz, trägt aber langfristig einerseits über eine Senkung der Wahrnehmungsschwelle für Juckreize und andererseits über die Entstehung sekundärer Entzündungen zur Chronifizierung bei. Damit bestehen folgende Ansatzpunkte für psychologische Interventionen:

- **Selbstbeobachtung:** Einige der genannten schubauslösenden Faktoren (z. B. Pollen, Hausstaub) können medizinisch diagnostiziert werden. Zusammenhänge zwischen psychischen Bedingungen (z. B. Streß in der Schule) und aktueller Symptomverschlechterung müssen von den Kindern und Jugendlichen selbst hergestellt werden. Es gibt nicht das „Ätiologiemodell der Neurodermitis"; die Rolle von Streß variiert stark von Person zu Person. Daher ist Selbstbeobachtung notwendig. Hierzu haben sich die Selbstbeobachtungsbogen bewährt, die diese Beobachtungen für die Kinder und Jugendlichen systematisieren und strukturieren (s. Neurodermitiswochenbogen, S. 50).
- **Wissen über auslösende Faktoren und Entstehung:** Aufgrund der multifaktoriellen Ätiologie der Neurodermitis muß das Kind bzw. der Jugendliche die für es/ihn

individuell bedeutsamen auslösenden Bedingungen kennen. Darüber hinaus benötigt man grundlegendes Wissen zur Behandlung der Erkrankung; dadurch wird die Basis für ein angemessenes und realistisches Krankheitsverständnis gelegt, das sowohl die eigenen Einfluß- und Handlungsmöglichkeiten betont als auch deren Grenzen aufzeigt. Auf diese Weise kann die langfristige Therapiemitarbeit des Betroffenen gesichert werden.

- **Umgang mit psychischen Auslösern:** Die mit Streß einhergehenden physiologischen und verhaltensbezogenen Veränderungen führen häufig zu Krankheitsschüben. Den psychosozialen Belastungen kann entgegengewirkt werden, indem die Kinder und Jugendlichen ein Entspannungstraining erlernen. Auf diese Weise können sie ihr Erregungsniveau in Streßsituationen niedrig halten. Darüber hinaus kann ein allgemeines Streßbewältigungstraining hilfreich sein. Hierzu zählt auch, wie man mit unangenehmen sozialen Situationen (z. B. angestarrt werden oder dummen Fragen nach dem Aussehen) umgehen kann. In Rollenspielen können hierzu sozial kompetente Verhaltensweisen eingeübt werden. Dies stärkt das Erleben von Selbstwirksamkeit im Umgang mit solchen Situationen; die Situationen selbst werden als weniger streßreich erlebt.

- **Umgang mit Juckreiz:** Juckreiz steht im Mittelpunkt der Neurodermitis und ist eine der beiden Hauptkomponenten des Juckreiz-Kratz-Zirkels. Die Wahrnehmung von Juckreiz kann psychisch moduliert werden, z. B. mit Hilfe von Ablenkung oder Entspannung. Auf diese Weise kann der Einstieg in den Juckreiz-Kratz-Zirkel bereits sehr früh verhindert werden.

- **Abbau exzessiven Kratzens:** Die Vermittlung von Kratzkontrollstrategien stellt einen wichtigen Ansatzpunkte dar, da Kratzen maßgeblich für die Chronifizierung verantwortlich ist. Hierzu finden sich in der Literatur zahlreiche Hinweise, welche Herangehensweisen sich bewährt haben (vgl. Warschburger, 1996).

- **Compliance-Steigerung:** Eine kontinuierliche Hautpflege, die den Besonderheiten der atopischen Haut Rechnung trägt, kann das Risiko eines Krankheitsschubs vermindern. Daher sollte den Betroffenen der Sinn und Zweck regelmäßiger Hautpflege ebenso wie Grundwissen bezüglich der Salben- bzw. Cremeinhalte vermittelt werden.

- **Klimatische Einflüsse:** Positive klimatische Einflüsse bilden die Grundlage für die stationäre Rehabilitation im Hochgebirge oder an der Nordsee.

Angesichts der Komplexität des Wirkgefüges (Abb. 7) und der vielfältigen zur Chronifizierung beitragenden Prozesse sollten verhaltensmedizinische Interventionen an verschiedenen Einflußfaktoren zugleich ansetzen.

Chronische Erkrankungen zeichnen sich durch einen langandauernden, oftmals progredienten Verlauf mit ungewisser Prognose aus. Die therapeutischen Erfolge sind eng damit verbunden, ob der Patient die erforderlichen Maßnahmen (z. B. Eincremen oder Allergenkarenz) akzeptiert und durchführt (Holman & Lorig, 1992). Diese Situation wird durch den chronisch-rezividierenden Charakter der Neurodermitis noch erschwert: Langandauernde symptomfreie Intervalle legen nahe, daß die Erkrankung jetzt „ausgestanden" und keine spezielle Behandlung mehr erforderlich sei. Chronische Erkrankungen erfordern jedoch eine kontinuierliche Umsetzung therapeutischer Erfordernisse und eine Anpassung an eine generell veränderte Lebenslage (Petro, 1994). Das Kind bzw. der Jugendliche wird und ist „Experte" für seine Erkrankung. Dieser Aspekt muß bei der Konzeptentwicklung berücksichtigt werden.

3.2 Auswahl geeigneter psychologischer Interventionsmethoden

Im folgenden sollen kurz empirische Ergebnisse referiert wer-

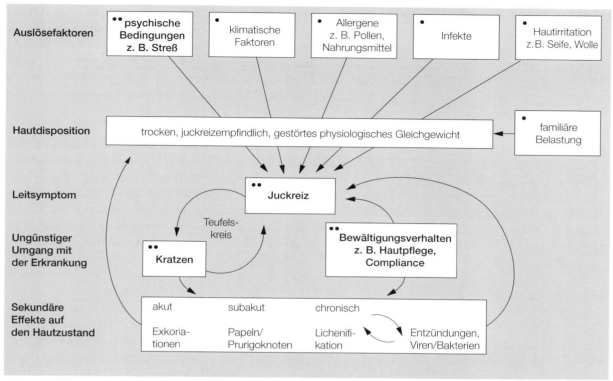

Abb. 7: Auslösung und Aufrechterhaltung des Krankheitsgeschehens bei Neurodermitis. •: Ansatzpunkte für die Vermittlung von Informationen über die Erkrankung. ••: Wesentliche Ansatzpunkte für eine psychologische Schulung (zitiert nach Warschburger, 1996; S. 135).

den, die für die einzelne Herangehensweise von Bedeutung sind. Ausführliche Übersichtsarbeiten zu Interventionsstudien bei Neurodermitis liegen vor (vgl. Münzel, 1988; 1995; Warschburger, 1996; Warschburger & Petermann, 1996).

Entspannungsmethoden

Entspannung soll einerseits in der aktuellen Streßsituation die vegetative Erregung abbauen und andererseits dem Auftreten zukünftiger Streßsituationen entgegenwirken. Entspannungsverfahren, überwiegend Progressive Muskelentspannung oder Autogenes Training, wurden meist in komplexe Interventionen integriert (u.a. Cole, Roth & Sachs, 1988; Halford & Miller, 1992; Horne, White & Varigos, 1989; Niebel, 1990). Kämmerer (1987) hält das Autogene Training als gut geeignet für die Therapie der Neurodermitis, denn es verbessere die Körperwahrnehmung, erhöhe das Selbstwertgefühl und steigere die Bereitschaft zur weiteren Zusammenarbeit. Empirische Studien stützen diese Sichtweise. Dabei wurden Entspannungsverfahren erfolgreich mit Imaginationen, die den Juckreiz vermindern sollen (vgl. Schubert, Laux & Bahmer, 1988), und mit individuellen Vorsätzen zur Kontrolle des Kratzens (Stangier, Gieler & Ehlers, 1992) kombiniert. Diese Effekte ließen sich in der letztgenannten Studie sogar noch ein Jahr später beobachten. Diese positiven Wirkungen von Autogenem Training auf den Hautzustand und kognitivem Umgang mit der Neurodermitis ließen sich von einer weiteren Studie auch für eine zweijährige Katamnese bestätigen (Ehlers, Stangier & Gieler, 1995; Stangier, Ehlers & Gieler, 1997).

Entspannungsverfahren stellen somit einen erfolgversprechenden Ansatz in der psychologischen Behandlung der Neurodermitis dar. Sie lassen sich wirkungsvoll zur Kontrolle von Kratzen und Veränderung der Juckreizwahrnehmung einsetzen.

Methoden zum Abbau des Kratzverhaltens

Eher von historischem Interesse als von aktueller Bedeutung sind Bestrafungsmethoden. Ziel ist es, das Kratzen zu löschen. Ratliff und Stein (1968) z. B. erteilten ihrem Patienten bei jedem Versuch, sich zu kratzen, einen Stromschlag. Nach der dritten Sitzung trat fast überhaupt kein Kratzen mehr auf, aber die therapeutischen Effekte wurden nicht auf den Alltag übertragen. Vergleichbare Ergebnisse berichteten Bär und Kuypers (1973): Zwar ließ sich Kratzen erfolgreich vermindern, die Effekte hielten jedoch nicht lange an.

Während die aversiven Methoden direkt am unerwünschten Verhalten ansetzen, konzentrieren sich operante Verfahren auf die aufrechterhaltenden Konsequenzen. Die Zuwendung von Aufmerksamkeit spielt hierbei eine wichtige Rolle (u. a. Gil et al., 1988): Kinder setzen

Kratzen u. a. dazu ein, um die Aufmerksamkeit ihrer Eltern auf sich zu ziehen. Solcher lerntheoretischen Zusammenhänge bedienten sich Allen und Harris (1966), indem sie die Mutter trainierten, das Kratzen ihres Kindes völlig zu ignorieren und kratzfreie Zeitintervalle zu belohnen. Das Kratzen verschwand während der sechswöchigen Therapie völlig. Solche Verfahren eignen sich jedoch wenig für stationäre Maßnahmen, in denen die alltäglichen Verstärkungsbedingungen nicht beeinflußt werden können. Zudem ist es für einen eigenverantwortlichen Umgang mit der Erkrankung zentral, eigene Strategien zur Reduktion des Kratzens zu entwickeln. Eine solche Technik setzte Dobes (1977) erfolgreich ein: Die untersuchte Patientin notierte, wie häufig sie kratzte; die daraufhin erstellte Wochenübersicht brachte sie gut sichtbar in ihrer Wohnung an. Sie forderte ihre Bekannten auf, sie für jeden Rückgang im Kratzverhalten zu loben. Zusätzlich formulierte sie Wochenziele, für deren Einhaltung sie sich sozial verstärkte. Innerhalb von 26 Tagen verschwand das Kratzverhalten fast völlig und blieb für einen Beobachtungszeitraum von zwei Jahren stabil. Diese Befunde deuten darauf hin, daß Strategien zur Selbstmodifikation (wie Selbstbeobachtung, Selbstbelohnung oder Selbstreflexion) geeignet sind, um das Kratzverhalten zu reduzieren. Diese Beobachtung ließ sich auch in einer kontrollierten

Gruppenstudie an zehn Patienten bestätigen (vgl. Cole et al., 1988).

Gewohnheitsänderung: Habit-Reversal

Eine der wirkungsvollsten Methoden zum Abbau von Kratzverhalten scheint das sog. Habit-Reversal zu sein. Habit-Reversal wurde ursprünglich für die Behandlung nervöser Tics entwickelt (Azrin & Nunn, 1973). Der Grundgedanke besteht darin, eine unangemessene Verhaltensweise durch ein dazu inkompatibles Verhalten abzubauen (z. B. statt am Daumen zu lutschen, die Hand zur Faust ballen). Rosenbaum und Ayllon (1981) übertrugen diese Konzeption auf die Behandlung des Kratzens. Die Patientinnen lernten in einem ersten Schritt, bewußt kritische Juckreizsituationen wahrzunehmen und unangenehme Aspekte des Kratzens zu beschreiben. In einem zweiten Schritt sollten sie statt zu kratzen die Faust für zwei Minuten anspannen. Um den Juckreiz zu mildern, wurden sie angewiesen, die betroffene Hautstelle zu schlagen oder leicht zu drücken. Bei vier Patienten erwies sich das Vorgehen als längerfristig effektiv. Diese positiven Effekte von Habit-Reversal beim Abbau von Kratzen und zur Verbesserung des Hautzustandes konnten in weiteren Studien bestätigt werden (u. a. Horne, Borge & Varigos, 1992; Lalumiére & Earls, 1989). Hervorzuheben sind

u. a. die Arbeiten von Melin und Mitarbeitern (Norén & Melin, 1989; Melin, Fredericksen, Norén & Swebilius, 1986). In zwei kontrollierten Gruppenstudien erwies sich das Habit-Reversal gegenüber einer ausschließlich dermatologischen Kortisonbehandlung als überlegen.

Zusammenfassend läßt sich festhalten, daß empirische Studien die Wirksamkeit der Habit-Reversal-Technik bei der Behandlung des Kratzverhaltens unterstreichen. Die verringerte Kratzhäufigkeit scheint dabei in hohem Maße für die beobachteten Besserungen der Hautsymptomatik verantwortlich zu sein. Wichtig ist, daß sich ein solcher Ansatz erfolgreich mit anderen Techniken wie Verstärkerentzug (Cataldo, Varni, Russo & Esters, 1980) oder Entspannung (Horne et al., 1989) kombinieren und auch in komplexe Interventionsprogramme (u. a. Kaschel, Miltner, Egenrieder & Lischka, 1989; Kaschel, Miltner, Egenrieder, Lischka & Niederberger, 1990; Niebel, 1990) integrieren läßt. Als erfolgversprechend erwies sich auch, mehrere unterschiedliche Methoden zum Abbau des Kratzverhaltens zu trainieren, anstatt sich nur auf eine zu konzentrieren (Niebel, 1990).

Streßbewältigung

Viele Patienten nehmen Streß als symptomverschlechternd wahr. Als eine mögliche Herangehens-

weise wurden – wie bereits vorgestellt – Entspannungsverfahren angewandt. Daneben bieten sich auch komplexe kognitiv-behaviorale Streßbewältigungsprogramme an.

Ein solcher Ansatz wurde von Niebel (1990) gewählt. Die Gruppe erhielt allgemeine Informationen zu ihrer Erkrankung und deren Behandlung, zum Einfluß von Streß sowie zu den Folgen des Kratzens. Weiterhin wurden sie in die Progressive Muskelentspannung eingeführt, übten alternatives Verhalten in Streßsituationen und selbstsicheres Verhalten ein. Zur Kontrolle des Kratzverhaltens wurde ein Kratzklötzchen eingeführt: Bei starkem Kratzbedürfnis sollte das Klötzchen anstelle der Haut gekratzt werden. Während sich die medizinischen Parameter (Juckreiz, Hautbeschwerden, Kratzstärke) nicht veränderten, äußerten die Teilnehmer nach dem Training weniger Depressionen, höheres Selbstvertrauen, weniger Fehlschlagangst und erlebten sich weniger durch die Erkrankung eingeschränkt.

Die Effekte eines Streßbewältigungstrainings sind möglicherweise in erster Linie psychologischer und nicht medizinischer Natur. Insgesamt ist das Bild zur Wirksamkeit einer nur auf Streßbewältigung ausgerichteten Intervention sehr uneinheitlich. In den wenigen bislang vorliegenden Studien lassen sich nur schwache Effekte abbilden (Halford & Miller, 1992; Schubert, 1989).

Kombiniertes Vorgehen

In den letzten Jahren traten zunehmend komplexe Interventionsprogramme in den Vordergrund, die verschiedene Herangehensweisen miteinander kombinieren:

- Wissen über die Erkrankung und deren Behandlung
- Techniken zur Veränderung der Juckreizwahrnehmung
- Strategien zur Kontrolle des Kratzverhaltens
- Angemessener Umgang mit streßreichen Situationen

Gerade die Kombination von Wissen, Verhaltenstraining und dermatologischer Behandlung erwies sich als besonders erfolgreich (Ehlers et al., 1995; Stangier et al., 1997). Wissen ist als Grundlage eines verhaltensmedizinischen Programms zu sehen, bringt für sich alleine jedoch nur geringe Effekte (Broberg et al., 1990; Stangier et al., 1997). Das kognitiv-behaviorale Training sollte möglichst verschiedene Möglichkeiten zur Kontrolle des Kratzverhaltens einschließen (Kaschel et al., 1989, 1990; Niebel, 1990). Als besonders wirksam erwiesen sich hier kratzinkompatible Reaktionen (Melin et al., 1986; Norén & Melin, 1989; Rosenbaum & Ayllon, 1981). Wichtig ist für die Betroffenen auch, daß sie mit Hilfe von Selbstbeobachtungsbogen lernen, Zusammenhänge zwischen Streß und Kratzen (u. a. Kaschel et al., 1989, 1990; Stangier, Gieler & Ehlers, 1996) herzustellen. Um streßreiche Situationen zu bewältigen, werden Entspannungs- (Stangier et al., 1992; Ehlers et al., 1995) und Streßbewältigungsverfahren (Niebel, 1990) eingesetzt. Mit Hilfe solcher komplexen Vorgehensweisen ließen sich langfristig gute Verbesserungen des Hautzustandes und eine Verringerung der psychosozialen Belastung erzielen (u. a. Ehlers et al., 1995; Niebel, 1990; Stangier et al., 1997). Als zentrales Wirkungselement erwies sich dabei die Reduktion des Kratzverhaltens: Je erfolgreicher das Kratzen kontrolliert wurde, desto besser war der Hautzustand (z. B. Melin et al., 1986; Niebel, 1990).

3.3 Spezifische Anforderungen an ein Verhaltenstraining für Kinder und Jugendliche

Trotz der hohen Verbreitung der Neurodermitis im Kindes- und Jugendalter fanden sich in der Literatur keine evaluierten Behandlungskonzepte. Erfolgreich ließen sich jedoch verhaltensmedizinische Ansätze über die Eltern als Mediatoren anwenden (u. a. Allen & Harris, 1966; Bär & Kuypers, 1973; Broberg et al., 1990; Köhnlein, Stangier, Freiling, Schauer & Gieler, 1993). Für Kinder und Jugendliche fehlen jedoch direk-

te Hilfsangebote. Sie sind aber aufgrund der dargestellten psychosozialen Belastungen und des chronischen Charakters der Neurodermitis dringend erforderlich. Diese Situation bildete den Hintergrund für die Entwicklung eines verhaltensmedizinischen Programms zur Behandlung neurodermitiskranker Kinder und Jugendlicher. Die Entwicklung orientierte sich dabei an einer Reihe gut strukturierter, standardisierter Schulungsprogramme im deutschen und im angloamerikanischen Sprachraum zur Behandlung von erwachsenen Patienten mit Neurodermitis.

Ein eigenverantwortlicher Umgang mit der Erkrankung erfordert von den Patienten, daß sie über Wissen hinsichtlich ihrer Erkrankung und deren Behandlung verfügen, die Nützlichkeit und den Sinn der Behandlungserfordernisse nachvollziehen können und die entsprechenden Fertigkeiten im Umgang mit den Krankheitssymptomen besitzen (Petermann & Walter, 1997). Welche konkreten Fertigkeiten ein betroffenes Kind bzw. Jugendlicher besitzen muß, läßt sich aus einer Studie von McNabb, Wilson-Pessano und Jacobs (1986) ableiten. Die Autoren befragten asthmakranke Kinder, deren Eltern und Lehrer sowie die behandelnden Ärzte und Krankenschwestern, welche Verhaltensweisen ihrer Ansicht nach einen eigenverantwortlichen Umgang mit der Erkrankung ermöglichen. Auf diese Weise identifizierten sie vier verschiedene Kompetenzbereiche:

- **Prävention:** Verhindern des Auftretens von akuten Krankheitssymptomen
- **Intervention:** Umgang mit einer akuten Symptomverschlechterung
- **Kompensatorische Verhaltensweisen:** Anpassung an die generelle Lebenssituation
- **Äußere Einflußfaktoren:** Umgang mit Faktoren außerhalb der Kontrolle des Kindes, die sich auf dessen Fähigkeit zum eigenverantwortlichen Umgang mit der Erkrankung auswirken

Diese Einteilung kann auch die Anforderungen an die neurodermitiskranken Kinder und Jugendlichen verdeutlichen. Ein eigenverantwortlicher und angemessener Umgang mit der Neurodermitis betrifft nicht allein vorausschauendes Denken („Was könnte auf der Fahrradtour durch den Wald passieren?" oder „Was blüht gerade, das ich nicht vertrage?"), sondern auch schnelles Reagieren in akuten Situationen. Bevor negative Gefühle und Streß kontrolliert werden können, müssen die Kinder und Jugendlichen in der Lage sein, Zusammenhänge zwischen diesen beiden Ereignissen herzustellen. Präventives Eincremen wird von den Kindern und Jugendlichen nur dann durchgeführt, wenn sie den Zusammenhang zwischen trockener Haut und verstärktem Juckreiz erkennen. Wissen über die Erkrankung gehört damit zu den wesentlichen Anforderungen. Entspannungstechniken müssen erworben und eingeübt werden, damit sie in akuten Situationen eingesetzt werden können. Das korrekte Auftragen der Salben muß den Kindern und Jugendlichen gezeigt werden. Sie sollen in der Lage sein, mit Gleichaltrigen zu reden und sie beispielsweise auf spezifische Behandlungserfordernisse aufmerksam machen, um so die langfristige Compliance sicherzustellen. Daraus ergibt sich, welche Bausteine verhaltensmedizinische Interventionen beinhalten sollten (vgl. Petermann & Walter, 1997):

- Die Vermittlung von **Wissen** über die Erkrankung gilt als grundlegend. Die Patienten sollten beispielsweise die für eine Symptomverschlechterung verantwortlichen Faktoren kennen und damit umgehen können.
- Darauf aufbauend sollte gezielt die **Selbstwahrnehmung** des eigenen Körpers und der Zusammenhänge zwischen psychischer und körperlicher Befindlichkeit geschult werden. Der Patient muß den Schweregrad seiner Symptome mit objektiven Kriterien in Beziehung setzen können und so zu einer realistischen Wahrnehmung gelangen.
- Auf der Grundlage von Wissen und geschulter Selbstwahrnehmung sollte die **Selbstwirksamkeit** des Patienten im Kontext der Krankheitsbewältigung gesteigert werden.
- Wichtig ist es, den **Transfer** des Gelernten **in den Alltag** sicherzustellen.

4
Grundlagen des Neurodermitis-Verhaltenstrainings für Jugendliche

4.1 Ziele

Ziel war es, ein integratives Konzept zu entwickeln, das den psychologischen und medizinischen Erfordernissen der Neurodermitis Rechnung trägt. Im Mittelpunkt stand, die Eigenverantwortlichkeit der Patienten zu fördern, damit langfristig der Krankheitsverlauf positiv beeinflußt wird. Konkret zielten die Inhalte darauf ab, den Teilnehmern folgendes zu vermitteln:

- Wissen über ihre Erkrankung zu erwerben und bestehendes Wissen zu vertiefen
- Selbstwahrnehmung zu trainieren (vor allem den Zusammenhang zwischen psychischer Befindlichkeit und dem Erleben von Juckreiz zu erkennen)
- Alternative Verhaltensweisen im Umgang mit dem Juckreiz und zur Kontrolle des Kratzens zu erlernen
- Wahrnehmung des Nutzens solcher Techniken zu steigern

- Häufigkeit des Kratzens zu reduzieren und statt dessen verstärkt auf Kratzkontrolltechniken zurückzugreifen
- Mitarbeit bei der dermatologischen Behandlung (Compliance) zu steigern
- Soziale Fertigkeiten für einen selbstsicheren Umgang mit der Erkrankung zu erwerben

Das Training beinhaltet damit die in der Literatur als wesentlich herausgestellten Elemente:

- **Wissen** wird, verteilt über die einzelnen Sitzungstermine, in thematischen Einheiten vermittelt. Dabei wird auf die zentralen Aspekte der Erkrankung (Ätiologie, Symptomatik, Juckreiz-Kratz-Zirkel, Hautpflege etc.) eingegangen. Wichtig ist die Übertragung des neuerworbenen Wissens auf die eigene Situation (z. B. „Welche Auslösereize sind für mich persönlich bedeutsam?" oder „Welche Salben benutze ich?").
- **Selbstbeobachtung** der Zusammenhänge zwischen Be-

findlichkeit und dem Umgang mit Juckreiz (z. B. Kratzen, Eincremen) einerseits und dem aktuellen Hautzustand bzw. Juckreiz andererseits wird trainiert. Hierzu wurde ein systematischer „Neurodermitiswochenbogen" (s. S. 50) entwickelt.
- **Entspannung** üben die Kinder und Jugendlichen mit Übungen der Progressiven Muskelentspannung ein. Zusätzlich werden gemeinsam individuelle Formeln zur positiven Beeinflussung des Juckreizes erarbeitet. Gleichzeitig wird auf Entspannung als alternative Verhaltensweise im Umgang mit Streß hingewiesen.
- **Kratzkontrolltechniken.** Verschiedene Möglichkeiten, wie z. B. sich ablenken, entspannen oder etwas anderes kratzen, werden erläutert. Die Kinder und Jugendlichen werden ermuntert, diese Techniken im Alltag auszuprobieren. Die Erfahrungen, die mit dem Einsatz der

Technik im Alltag gemacht wurden, werden in der Gruppe ausgetauscht.

- **Juckreiz-Stop-Techniken.** Aus klinischen Berichten wissen wir, daß Kindern und Jugendlichen oft nicht bewußt ist, daß sie Juckreiz empfinden oder in der Situation kratzen. Erfolgte bereits der Einstieg in den Juckreiz-Kratz-Zirkel, ist dieser Teufelskreis für die Kinder nur noch sehr schwer zu unterbrechen. Daher ist es wichtig, daß bereits früh die Juckreizwahrnehmung geschult wird und erste Vorboten einer Juckreizattacke erkannt werden.

- **Compliance.** Zur Förderung der aktiven Mitarbeit bei der Behandlung werden die Kinder und Jugendlichen für Zusammenhänge zwischen trockener Haut und Juckreiz sensibilisiert. Übungen zum korrekten Eincremen sollen Spaß und Freude an der Körperpflege wecken.

- **Alltagstransfer.** Der Transfer auf den Alltag soll einerseits durch die schriftlichen Materialien zum Mitnehmen und andererseits durch die „Hausaufgaben" gewährleistet werden. Durch die Übungen können die Kinder und Jugendlichen die Wirksamkeit verschiedener Techniken erfahren, ihre eigenen Verhaltenskompetenzen und ihre Selbstwirksamkeit steigern. Dieser Prozeß soll durch konkrete Verhaltensrückmeldungen und Modelle unterstützt werden. Rollen-

spiele zu „kritischen Situationen" (z. B. auf die „eklige Haut" angesprochen zu werden) sollen die sozialen Fertigkeiten der Kinder und Jugendlichen verbessern und sie gegen negative Reaktionen aus der Umwelt immunisieren.

Als übergeordnetes Ziel des Trainingsprogramms steht die Förderung der Eigenverantwortlichkeit der Kinder und Jugendlichen, um langfristig den Krankheitsverlauf positiv zu beeinflussen. Die Kinder und Jugendlichen sollen „Experten" für ihre Erkrankung werden. Der selbstverantwortliche Umgang mit der Erkrankung setzt zahlreiche Fertigkeiten bei den betroffenen Kindern und Jugendlichen voraus. Das Wissen und die erforderlichen Fertigkeiten werden anhand von attraktiv gestalteten Schulungsmaterialien vermittelt und eingeübt. Dabei sind lernpsychologische Erwägungen für diese Altersspanne in der Ausgestaltung der Materialien und bei der Auswahl der Inhalte zu beachten.

Die Überzeugung, erfolgreich etwas gegen die Neurodermitis tun zu können, beeinflußt den Umgang mit der Erkrankung. Daher vermittelt das Trainingsprogramm dem jungen Patienten verschiedene Möglichkeiten im Umgang mit dem Juckreiz und dem Kratzverhalten, übt Entspannungsmethoden ein und vermittelt Wissen. Da es sich bei der Neurodermitis um eine chronische

Erkrankung mit einem meist lang andauernden, oft progredienten Verlauf und ungewisser Prognose mit häufigen, akuten Schüben handelt, muß die Bedeutung einer kontinuierlichen Mitarbeit des Patienten (Compliance) immer wieder unterstrichen werden.

4.2 Setting der Schulung

Eine Neurodermitisschulung sollte immer als interdisziplinäres Angebot gestaltet werden, wobei der jeweilige Zugang zur Schulung (ambulant oder stationär) entscheidend den Realisierungsgrad dieser Forderung mitbestimmt. So ist ein ambulantes Angebot in einer niedergelassenen Arztpraxis unter Mitwirkung eines Diplom-Psychologen und einer Diätassistentin realisierbar. Bei der praktischen Umsetzung ist es erforderlich, daß die Kinder (und deren Eltern) einen konstanten Ansprechpartner vorfinden, der durch verschiedene Experten unterstützt wird. Dieser Ansprechpartner (Hauptschuler) sollte ein Arzt (mit Spezialkenntnissen in Verhaltenspsychologie) oder ein Diplom-Psychologe (mit fundierten Kenntnissen im Bereich der Dermatologie) sein. Eine Schulungsschwester in einer Arztpraxis dürfte in der Regel mit einer solchen Rolle überfordert sein. Ebenso läßt sich in einer Poliklinik oder einer Spezialambulanz eine ambulante Schulung nach den obengenannten Prinzipien durchführen. Unter fachlicher Anleitung sind sowohl ambulante Schulungen als auch Wochenendmaßnahmen von Selbsthilfegruppen realisierbar. Allerdings widersprechen solche Kompakttrainings einigen grundlegenden lernpsychologischen Prinzipien, wie dem des verteilten Lernens (vgl. Petermann, 1997). Der langfristige Erfolg solcher Wochenendseminare ist damit zweifelhaft.

Für eine stationäre Schulung bieten sich in erster Linie Einrichtungen der Kinderrehabilitation an, die in Deutschland bei der Entwicklung verhaltenspsychologischer Schulungsprogramme Pionierarbeit geleistet haben. Solche Einrichtungen weisen in der Regel verhaltensmedizinisch fortgebildetes Personal auf, das in Zeiträumen von vier Wochen solche Programme interdisziplinär umsetzen kann. In den wenigen Einrichtungen zur Langzeitrehabilitation werden Neurodermitisschulungen (bei Jugendlichen) häufig im Kontext der beruflichen Förderung eingesetzt.

Das von uns vorgeschlagene, zehn Module umfassende Vorgehen läßt sich in der Regel problemlos in den beschriebenen Settings umsetzen. Sollten Kürzungen der Inhalte aus Gründen der Praktikabilität vonnöten sein, dann ist darauf zu achten, daß zumindest die folgenden fünf zentralen Schwerpunkte ausreichend durch Schulungselemente vermittelt werden können (Petermann, 1997):

- Vermittlung handlungsbezogener Wissensinhalte (Auslöser, Hautpflege und Salbentherapie)
- Krankheitsbezogene Wahrnehmungsschulung (auf Auslöser und Körpersignale bezogen)
- Entspannungstraining
- Hilfen zur Juckreizbewältigung
- Soziale Fertigkeiten zur besseren Bewältigung der Erkrankung

Durch eine Elternschulung kann das neue Bewältigungsverhalten der Kinder besonders nachhaltig unterstützt werden. Eine langfristige Bewältigung von Juckreizproblemen, sozialer Isolierung und Belastung durch die Therapieanforderungen ist nur möglich, wenn die Familienmitglieder (Eltern) ebenfalls neues Bewältigungsverhalten erwerben.

4.3 Organisatorischer Rahmen

Das Schulungsprogramm „Fühl mal" ist so aufgebaut, daß die Inhalte über zehn Sitzungstermine verteilt werden. Das bedeutet, daß im Rahmen eines sechswöchigen stationären Aufenthalts sich die Gesamtgruppe zweimal pro Woche trifft. Zusätzlich kommt ein wöchentlicher Termin in der Klein-

gruppe oder als Einzelintervention dazu.

Die Gruppengröße sollte maximal acht Teilnehmer umfassen und eine Altersvarianz von zwei Jahren nicht überschreiten. So kann gewährleistet werden, daß der Trainingsleiter auf die individuellen Bedürfnisse der Kinder und Jugendlichen eingehen kann, und bei einer altershomogenen Trainingsgruppe liegen die Bedürfnisse und Erfahrungen der Kinder und Jugendlichen nicht zu weit auseinander.

Die Wissensvermittlung konzentriert sich auf handlungsrelevantes Wissen, das die neurodermitiskranken Kinder und Jugendlichen mit ihren eigenen Ressourcen vertraut macht, die es ihnen ermöglichen, bei extremen Schüben selbst mit der Situation zurechtzukommen. Die Wissensinhalte wurden über die einzelnen Sitzungstermine verteilt, so daß sukzessive neues Wissen erworben und vertieft werden kann (Tab. 5). Ein alternativer Umgang mit dem Juckreiz und eine frühzeitige Schulung der Juckreizwahrnehmung erlaubt es, bereits zu Beginn der Schulung den Kindern alternative Erfahrungen im Umgang mit Juckreizsituationen zu vermitteln. Den Kindern werden bewußt mehrere alternative Techniken im Umgang mit dem Juckreiz angeboten, damit sie sich ihre eigene Strategie aussuchen können, mit der sie am besten zurechtkommen. Dabei sollte darauf geachtet werden, daß der Juckreiz-Kratz-Zirkel möglichst frühzeitig unterbrochen wird. Wenn die Kinder bereits zu kratzen begonnen haben, ist Selbstkontrolle in vielen Fällen nicht mehr möglich.

4.4 Anforderungen an den Trainer

Der Trainer muß bei dem Vorgehen ein angemessenes Maß zwischen dem Festhalten an der Schulungsstruktur und dem Eingehen auf individuelle Bedürfnisse der Teilnehmer finden. Die Vielfalt der Anforderungen an die neurodermitiskranken Kinder und Jugendlichen und die Unterschiedlichkeit im Erscheinungsbild machen es oftmals notwendig, daß einzelne Kinder und Jugendliche „persönliche" Instruktionen und Hausaufgaben erhalten, die auf ihre Situation zugeschnitten sind. Grundvoraussetzungen für das Gruppentraining sind eine vertrauensvolle Atmosphäre und eine aktive Teilnahme der Betroffenen. Im folgenden sind die zentralen Anforderungen an den Trainer kurz zusammengefaßt (nach Skusa-Freeman et al., 1997; S. 339):

- Transparenz und klare Vorgaben bei der Strukturierung sowie Organisation der einzelnen Sitzungen
- Einhalten gemeinsamer Regeln (z. B. Pünktlichkeit, Material mitbringen)
- Übertragung von Verantwortung auf das Kind (z. B. beim

Tab. 5: Übersicht über den Ablauf des Neurodermitis-Verhaltenstrainings „Fühl mal" für Jugendliche.

Sitzungstermine	Inhalte
1. Sitzung	• Gegenseitiges Kennenlernen • Vorstellen des Trainingsprogramms • Fragen, Interessen und Wünsche der Teilnehmer • Erste Juckreiz-Stop-Technik • Video: „Trainingsinhalte" • Entspannungsübung
2. Sitzung	• Entspannungsübung • Zweite Juckreiz-Stop-Technik • Juckreizwahrnehmung • Streßbewältigung • Positive Gedanken • Video: „Slapstick Juckreizanfall nachts"
3. Sitzung	• Entspannungsübung • Dritte Juckreiz-Stop-Technik • Anatomie und Physiologie der Haut
4. Sitzung	• Entspannungsübung • Vierte Juckreiz-Stop-Technik • Auslöser • Arzttermin • Video: „Rollenspiel Arzt – Patient"
5. Sitzung	• Entspannungsübung • Individuelle Juckreiz-Stop-Technik • Salbenkunde und Eincremetechnik • Umgang mit Kortison • Video: „Arztinterview zum Thema Kortison"
6. Sitzung	• Entspannungsübung • Individuelle Juckreiz-Stop-Technik • Hautpflegemittel • Körperhygiene • Video: „Kaufhausbummel"
7. Sitzung	• Entspannungsübung • Individuelle Juckreiz-Stop-Technik • Sozial kompetenter Umgang mit der Erkrankung • Video: „Körperanspannung"
8. Sitzung	• Entspannungsübung • Individuelle Juckreiz-Stop-Technik • Ernährung • Kreuzallergien und Pseudoallergien
9. Sitzung	• Entspannungsübung • Individuelle Juckreiz-Stop-Technik • Überblick zu Juckreiz-Stop-Techniken • Wohlfühlsituation und Genuß im Alltag • Video: „Alltag eines Eincremers"
10. Sitzung	• Entspannungsübung • Brief an sich selbst • „Fühl mal"-Auswertung anhand der gedrehten Videos

Durchführen des Entspannungstrainings)
- Verstärkung von erwünschten Verhaltensweisen
- Aufgreifen von Ideen und Vorschlägen der Teilnehmer und deren Integration in den Schulungsaufbau
- Erteilen konstruktiver und klarer Rückmeldungen
- Ermutigen der Teilnehmer, Verantwortung für sich selbst zu übernehmen und verschiedene Übungen auszuprobieren
- Direktes Ansprechen und Einbeziehen aller Kinder
- Einnehmen einer freundlichen und einfühlsamen Haltung gegenüber den Kindern
- Anbieten von Unterstützung

bei der Bewältigung der Aufgaben
- Schaffen einer angstfreien und experimentierfreudigen Atmosphäre

4.5 Indikation und Kontraindikation

Als Einschlußkriterien für das Gruppentraining gelten:
- Alter von mind. 10 Jahren
- Neurodermitis als erste Einweisungsdiagnose
- Betroffenheit durch rezidivierende Schübe und/oder störenden Juckreiz
- Gruppenfähigkeit

Die Durchführung des Trainingsprogramms „Fühl mal" erscheint dann nicht sinnvoll, wenn eine oder mehrere der folgenden Bedingungen gegeben sind:
- Andere wichtige Einweisungsdiagnosen (z. B. Adipositas oder Asthma)
- Geringe Beeinträchtigung des Patienten durch die Neurodermitis (bzw. Entscheidung für ein anderes Schulungsprogramm, das dem Kind und den Eltern wichtiger erscheint)
- Schwerwiegende andere Probleme, die im Vordergrund stehen (z. B. psychiatrische Probleme, schwere Verhaltensauffälligkeiten, Konflikte zu Hause etc.).

5

Praxis des Neurodermitis-Verhaltenstrainings „Fühl mal" für Jugendliche

Das in einer Rehabilitationseinrichtung für Kinder und Jugendliche entwickelte Schulungsprogramm „Fühl mal" entstand aus dem therapeutischen Anspruch heraus, dem jungen Neurodermitiker mehr Möglichkeiten zur Krankheitsbewältigung an die Hand zu geben. Die sechs Wochen des stationären Aufenthaltes sollen ihn – neben der medizinischen Hilfe – mit seinen eigenen Ressourcen vertraut machen, die es bei Ekzemschüben zu mobilisieren gilt.

In der folgenden Beschreibung des Trainingsprogramms werden die Inhalte der Gruppensitzungen detailliert beschrieben. Vorangestellt wird eine Auflistung der Materialien, die in der jeweiligen Sitzung benötigt werden. Individuelle Probleme von Patienten werden im Gruppentraining nicht immer ausreichend bearbeitet. Einem solchen Unterstützungsbedarf wird deshalb in Kleingruppen oder Einzelsitzungen Rechnung getragen. In der Beschreibung werden diese Interventionen als „Unterstützende Übungen" beispielhaft am Ende jeder Gruppensitzung hervorgehoben. Jedem Kapitel sind die benötigten Arbeitsblätter des „Fühl mal"-Programms angefügt.

5.1 Erste Gruppensitzung: Kennenlernen, Juckreiz-Stop-Training und Entspannung

Materialien

- Metaplankarten
- Mal-/Farbstifte
- DIN-A5-Bogen mit der Instruktion „Deine drei wichtigsten Fragen zur Neurodermitis und zum Juckreiz"
- Neurodermitiswochenbogen (s. S. 50)
- Neurodermitis-Paß (s. S. 49)
- „Fühl mal"-Kühllappen
- Kühlpacks

Inhalt 1: Kennenlernen der Gruppenmitglieder und des Trainers

Die Teilnehmer und der Trainer sitzen entweder um einen runden Tisch oder auf der Erde mit Turnmatten, je nach Einrichtung des Schulungsraums. Der Trainer eröffnet die Runde und begrüßt alle. Er bittet den Teilnehmer links von ihm sitzend, sich stumm in Form einer Pantomime vorzustellen. Instruktion: „Sage, wie Du heißt" als Pantomime, z. B. Sabine wie Sonne (Trainer macht „Sonne" vor). Sinn dieses Spiels ist es, die Wahrnehmung und Konzentration zu fördern und einen Einstieg in die inhaltliche Arbeit zu finden. Als weitere Instruktion gibt der Trainer: „Sage anschließend mit Worten, seit wann Du Neurodermitis hast, was Dich stört und was Du vielleicht auch gut daran findest!"

Übung: Progressive Muskelentspannung der Hände und Arme

Wir setzen uns bequem hin bzw. legen uns bequem auf die Matten. Die Hände liegen entweder neben dem Körper oder auf den Oberschenkeln. Die Handflächen sind nach oben gerichtet. Wir schließen die Augen oder fixieren einen Punkt, ohne die anderen Teilnehmer zu stören. Jeder übt für sich. Die Atmung wird in der Ruhe langsamer und ruhiger. Wenn wir einatmen, dehnt sich unsere Haut über der Bauchdecke; wenn wir ausatmen, zieht sie sich zusammen. Wir spüren, wie wir durch die Atmung die Haut dehnen und lockern. Die Ausatmung ist doppelt so lang wie die Einatmung.

Wir beginnen nun mit der rechten Hand und machen mit ihr eine ganz feste Faust, spüren die Spannung im Handgelenk, in der Hand, in den Fingern und lassen langsam locker und spüren, wie die Finger sich voneinander lösen. Noch einmal spannen wir die Hand zu einer Faust an, merken, wie sich die Finger in die Handinnenfläche hineinpressen, lassen langsam locker und spüren, wie sich die Finger auseinanderbewegen. Jetzt drücken wir den Daumen der rechten Hand in die Handinnenfläche, spüren die Spannung in der gesamten Hand und im Daumenballen und lassen wieder locker. Durch die Hand strömt jetzt Wärme, weil die Blutgefäße freie Bahn haben. Noch einmal drücken wir den rechten Daumen in die Handinnenfläche und lassen wieder los.

Jetzt drücken wir das rechte Handgelenk auf die Unterlage oder in den Oberschenkel und lassen wieder los; noch einmal das rechte Handgelenk nach unten drücken, die Spannung im Unterarm spüren und lockern und merken, wie der Unterarm schwer und entspannt ist. Jetzt drücken wir den Ellenbogen fest in die Unterlage bzw. nach unten, spüren die Spannung auch im Oberarm und lassen wieder locker. Noch einmal drücken wir den rechten Ellenbogen in die Unterlage, spüren die Spannung im gesamten Arm und lassen wieder locker. Auch die Schulter ist jetzt locker und entspannt.

Wir wandern mit den Gedanken in den linken Arm und machen die gleichen Übungen jetzt für die linke Seite (der Trainer gibt jetzt die Instruktionen genauso wie zur rechten Seite).

Wir bleiben noch zwei bis drei Minuten in der Ruhe sitzen, spüren noch einmal nach, wie entspannt unsere Arme und Hände sind, spüren die ruhige Atmung und genießen die Ruhe (der Trainer gibt nach drei Minuten ein Signal zum Beenden der Übung).

Inhalt 2: Fragen, Wünsche und Interessen der Teilnehmer

An die Teilnehmer werden Metaplankarten ausgeteilt und Farbstifte. Der Trainer erklärt die Technik des Kartenbeschreibens und bittet die Teilnehmer, ihre Vorstellungen, Wünsche und Fragen an das Neurodermitisprogramm aufzuschreiben. Fünf bis sieben Minuten haben die Teilnehmer Zeit, eine oder mehrere Karten zu beschreiben. Der Trainer sortiert die Kärtchen an einer Magnettafel oder einem Flip-Chart nach Stichworten, die er über die Kartengruppen schreibt, z.B. Wissen, Verhalten beim Schub, Verhalten unter Fremden, Gefühlseinflüsse auf die Haut, soziale Unterstützung oder Streßbewältigung. Der Trainer sammelt die Karten am Schluß der Stunde ein und behält sie bei sich, um beim Abschiedstreffen in der zehnten Sitzung mit den Teilnehmern durchzugehen, ob alle Fragen beantwortet sind.

Der Trainer verteilt DIN-A5-Zettel mit der schriftlichen Instruktion: „Deine drei wichtigsten Fragen zur Neurodermitis und zum Juckreiz". Die Zettel werden ausgefüllt und zweimal gefaltet in die Mitte des Kreises gelegt und gemischt. Danach zieht jeder einen Zettel und liest die drei Fragen durch. Der Trainer fragt den Vorlesenden: „Kannst Du darauf antworten?" Der Trainer gibt kurze Hinweise zu den genannten Themen mit Ausblick auf die folgenden Schulungssitzungen, da in der Regel alle relevanten Themen von den Teilnehmern genannt werden.

Inhalt 3: Vorstellung des Trainingsprogramms

Der Trainer nimmt Bezug auf die von den Teilnehmern genannten Schulungsziele und ergänzt fehlendes. Der Trainer gibt die Struktur des Trainingsprogramms bekannt (10 Schulungseinheiten als Gruppenschulung). Es gelten folgende Regeln:

- Die Teilnehmer und der Trainer sollten pünktlich kommen.
- Alle bringen ihre Materialmappe mit.
- Hausaufgaben werden zwischen den Sitzungen erledigt, da sie Teil des Trainings sind.
- Alles, was im Raum gesagt wird, bleibt im Raum und wird allenfalls allein zwischen den Gruppenmitgliedern besprochen.
- Der Trainer beendet die Sitzung pünktlich.
- Zwischen den Gruppenmitgliedern herrscht Unterstützung und Wertschätzung, z. B. ausreden lassen oder nicht über den anderen herziehen.

Inhalt 4: Juckreiz-Stop-Technik und Entspannung

Der Trainer stellt den Juckreiz-Kratz-Zirkel vor und verteilt Wochenbogen an jeden Teilnehmer. Die Teilnehmer füllen die Bogen mit Namen aus und versuchen, die dort aufgeführten Fragen für diesen Tag des Trainings zu beantworten.

Als erste Juckreiz-Stop-Technik wird Kühlen eingeführt. Der Trainer zeigt Kühlpacks (in Apotheken erhältlich, meist unter Sporttherapeutika einsortiert), die die Teilnehmer in ihrer Wohngruppe im Kühlschrank deponiert finden. Jeder Teilnehmer erhält Kühllappen mit dem Logo „Fühl mal" eingraviert und die Instruktion, eine bestimmte Stelle am Körper, bei der es ihm voraussichtlich leichtfallen wird, nicht zu kratzen. Im Falle von Juckreiz soll er kühlen und dies – wenn es erfolgt ist – in seinen Wochenbogen eintragen. Der Trainer erklärt, wie man die Lappen hygienisch im Eincremzimmer entsorgt und sich dort neue besorgen kann.

Zum Abschluß des Trainings wird eine kurze, ca. fünfminütige Ruheübung durchgeführt, vorzugsweise Progressive Muskelentspannung (s. Übung). Zur Einführung des Entspannungstrainings erklärt der Trainer den Zusammenhang zwischen Nervenbahnen in der Haut und dem Kontakt zum zentralen Nervensystem sowie der indirekten Einflußnahme auf vegetative Reaktionen durch Entspannungsverfahren (Bienenstock, 1990; U. Petermann, 1996; Stangier et al., 1992).

Ehe die Teilnehmer den Raum verlassen, erhalten sie den schon vom Trainer vorbereiteten Neurodermitis-Paß mit zwei Stempeln (einmal für die Trainingsteilnahme, einmal für das Entspannungstraining). Sinn des Neurodermitis-Passes ist es, den Teilnehmern die Wichtigkeit der einzelnen Trainingsbestandteile und der Verhaltensmaßnahmen im Laufe des Tages, z. B. des regelmäßigen Eincremens, klarzumachen. Je nach Alter der Teilnehmer wird das „Abstempeln" der Trainingsbestandteile mit großem Ernst oder belustigt zur Kenntnis genommen. Die überwiegende Zahl der Teilnehmer „besteht" jedoch auf ihre Stempel und ist darauf bedacht, alle Felder am Ende abgestempelt zu haben (s. S. 49; vgl. Skusa-Freeman et al., 1997).

Unterstützende Übungen
Ziele:
- Festigung der Schulungsinhalte aus der ersten Sitzung
- Aktives Auseinandersetzen mit der Erkrankung und die Möglichkeit, im kleineren Kreis Fragen zu stellen
- Möglichkeit, sich aus der Rolle zu lösen, die in der größeren Gruppe besteht
1. Der Trainer spricht zwei bis drei Teilnehmer der Gruppe im Laufe der Woche an, einen ca. fünfminütigen Videofilm über die erste Sitzung zu drehen. Der Trainer erhält ein bis zwei Tage nach der ersten Sitzung Rückmeldung, welche Materialien für den Film benötigt werden. Ein Drehtermin mit

dem Trainer soll so von den Teilnehmern vorbereitet werden, daß innerhalb einer halben Stunde der Videospot gedreht ist.

2. Der Trainer gibt zwei bis drei Teilnehmern eine spezielle Hausaufgabe: Die Kleingruppe soll für die nächste Stunde eine Pantomime zum Thema Juckreizwahrnehmung vorbereiten. Dabei soll die erste Juckreiz-Stop-Technik (Kühlen) zum Einsatz kommen.

3. Der Trainer notiert sich, welche Kleingruppe er ausgewählt hat, um im regelmäßigen Wechsel spezielle Aufgaben zu verteilen. Sinn dieser Maßnahmen ist es, die aktive Mitarbeit im Training zu erreichen und damit die Therapiemitarbeit zu fördern.

Du bekommst Stempel, wenn Du …

*… den Neurodermitis-Wochenbogen für
die Woche vollständig ausfüllst!
❀

*… am Neurodermitis-Treff aktiv teilnimmst!
❀

*… das Entspannungstraining besuchst!
❀

*… Deine Hausaufgaben vom ND-Treff
gewissenhaft machst!
❀

*… Dich eine Woche lang täglich 2 x eincremst,
ohne daran erinnert werden zu müssen, d. h.
Du solltest Dich pro Woche mindestens 12 x,
besser 14 x eincremen!
❀

*… eine Extra-Aufgabe zum Training
bewältigt hast, die Du mit Deinem Trainer
abgesprochen hast!
❀ ❀ ❀

Neurodermitistreff

Trainigspaß
von

_____

Gruppe:

Neurodermi-tis-Wochen-bogen voll-ständig aus-gefüllt						
am Neuroder-mitis-Treff teil-genommen						
Entspan-nungstraining besucht						
Hausaufga-ben vom ND-Treff gemacht						
2 x täglich eingecremt ohne erinnert werden zu müssen						
Extra-Aufgabe ❀ erledigt						

49

Das ist der Neurodermitiswochenbogen von

Ich habe den Bogen vom _____ bis _____ ausgefüllt

	1. Tag	2. Tag
1. Wie war Dein Tag heute?	☺☺😐🙁☹ 1 2 3 4 5	☺☺😐🙁☹ 1 2 3 4 5
2. Wie sehr hast Du Dich heute gefreut?	überhaupt nicht — total gefreut 1 2 3 4 5	überhaupt nicht — total gefreut 1 2 3 4 5
3. Wie sehr hast Du Dich heute geärgert?	überhaupt nicht — total geärgert 1 2 3 4 5	überhaupt nicht — total geärgert 1 2 3 4 5
4. Wie sieht Deine Haut heute aus?	total gut — total schlecht 1 2 3 4 5	total gut — total schlecht 1 2 3 4 5
5. Wann hast Du Dich heute eingecremt? morgens	☐ Ja ☐ Nein	☐ Ja ☐ Nein
abends	☐ Ja ☐ Nein	☐ Ja ☐ Nein
zwischendurch	☐ Ja ☐ Nein	☐ Ja ☐ Nein
6. Wie stark hat Deine Haut gejuckt?	überhaupt nicht — total stark 1 2 3 4 5	überhaupt nicht — total stark 1 2 3 4 5
7. Wie oft hast Du Dich heute gekratzt?	überhaupt nicht — total oft 1 2 3 4 5	überhaupt nicht — total oft 1 2 3 4 5
8. Wie stark hast Du Dich heute gekratzt?	überhaupt nicht — total stark 1 2 3 4 5	überhaupt nicht — total stark 1 2 3 4 5
9. Deine kratzfreie Zone ist:	_____	_____
10. Wie lautet Deine Juckreiz-Stop-Technik?	_____	_____
11. Wie gut hat das geklappt?	total gut — total schlecht 1 2 3 4 5	total gut — total schlecht 1 2 3 4 5

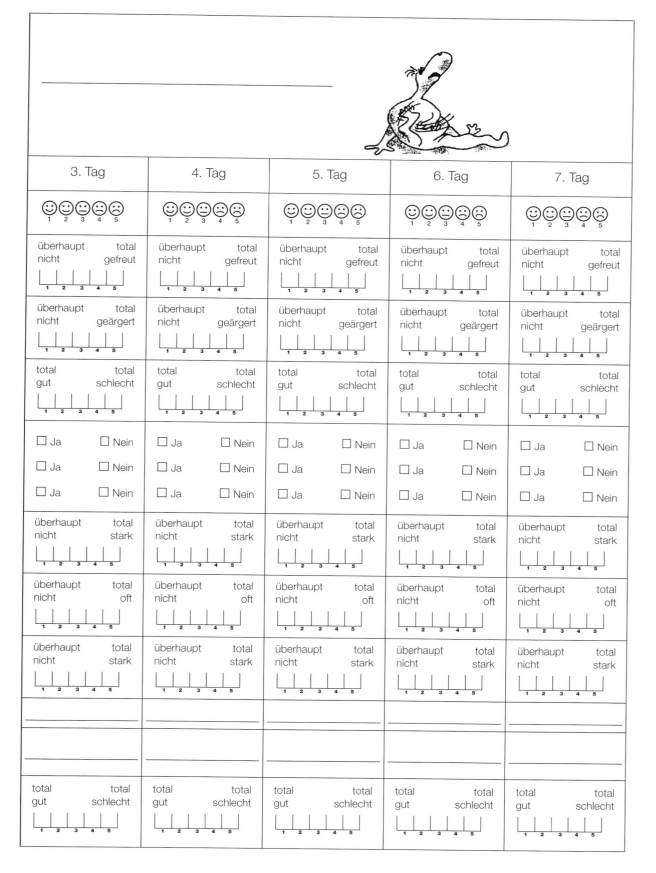

3. Tag	4. Tag	5. Tag	6. Tag	7. Tag
😊 😊 😐 🙁 ☹ 1 2 3 4 5	😊 😊 😐 🙁 ☹ 1 2 3 4 5	😊 😊 😐 🙁 ☹ 1 2 3 4 5	😊 😊 😐 🙁 ☹ 1 2 3 4 5	😊 😊 😐 🙁 ☹ 1 2 3 4 5
überhaupt nicht — total gefreut 1 2 3 4 5	überhaupt nicht — total gefreut 1 2 3 4 5	überhaupt nicht — total gefreut 1 2 3 4 5	überhaupt nicht — total gefreut 1 2 3 4 5	überhaupt nicht — total gefreut 1 2 3 4 5
überhaupt nicht — total geärgert 1 2 3 4 5	überhaupt nicht — total geärgert 1 2 3 4 5	überhaupt nicht — total geärgert 1 2 3 4 5	überhaupt nicht — total geärgert 1 2 3 4 5	überhaupt nicht — total geärgert 1 2 3 4 5
total gut — total schlecht 1 2 3 4 5	total gut — total schlecht 1 2 3 4 5	total gut — total schlecht 1 2 3 4 5	total gut — total schlecht 1 2 3 4 5	total gut — total schlecht 1 2 3 4 5
☐ Ja ☐ Nein	☐ Ja ☐ Nein	☐ Ja ☐ Nein	☐ Ja ☐ Nein	☐ Ja ☐ Nein
☐ Ja ☐ Nein	☐ Ja ☐ Nein	☐ Ja ☐ Nein	☐ Ja ☐ Nein	☐ Ja ☐ Nein
☐ Ja ☐ Nein	☐ Ja ☐ Nein	☐ Ja ☐ Nein	☐ Ja ☐ Nein	☐ Ja ☐ Nein
überhaupt nicht — total stark 1 2 3 4 5	überhaupt nicht — total stark 1 2 3 4 5	überhaupt nicht — total stark 1 2 3 4 5	überhaupt nicht — total stark 1 2 3 4 5	überhaupt nicht — total stark 1 2 3 4 5
überhaupt nicht — total oft 1 2 3 4 5	überhaupt nicht — total oft 1 2 3 4 5	überhaupt nicht — total oft 1 2 3 4 5	überhaupt nicht — total oft 1 2 3 4 5	überhaupt nicht — total oft 1 2 3 4 5
überhaupt nicht — total stark 1 2 3 4 5	überhaupt nicht — total stark 1 2 3 4 5	überhaupt nicht — total stark 1 2 3 4 5	überhaupt nicht — total stark 1 2 3 4 5	überhaupt nicht — total stark 1 2 3 4 5
_____	_____	_____	_____	_____
total gut — total schlecht 1 2 3 4 5	total gut — total schlecht 1 2 3 4 5	total gut — total schlecht 1 2 3 4 5	total gut — total schlecht 1 2 3 4 5	total gut — total schlecht 1 2 3 4 5

5.2 Zweite Gruppensitzung: Juckreizwahrnehmung und Selbstwirksamkeit stärken

Materialien

- Verschiedene Pflegecremes
- „Fühl mal"-Arbeitsbuch
- Neurodermitiswochenbogen
- Neurodermitis-Paß
- Stifte

Inhalt 1: Entspannung einüben

Ab der zweiten Stunde wird als Einstiegsritual und als praktische Übung ca. zehn Minuten Entspannungstraining durchgeführt. Der Trainer gibt die Instruktion zur Progressiven Muskelentspannung und läßt am Schluß der Entspannungsphase die Teilnehmer ca. drei Minuten in der Stille für sich, um ihnen Zeit zu geben, Körperempfindungen über die Haut wahrzunehmen (Kälte, Temperaturschwankungen, Anspannung der Bauchdecken bei der Atmung; s. Übung).

Der Trainer verteilt an jeden Teilnehmer das „Fühl mal"-Arbeitsbuch, in dem sich sämtliche Arbeitsblätter befinden (s. Arbeitsblatt „Deckblatt", S. 55). Er bittet die Teilnehmer, die Hefte mit ihrem Namen zu versehen und ab jetzt zu jeder Sitzung mitzubringen. Er weist darauf hin, daß der Neurodermitis-Paß hinten im Heft in

Übung: Progressive Muskelentspannung der Hals- und Schulterregion

Wir nehmen eine bequeme Haltung ein oder legen uns auf die Matten. Die Atmung wird ruhiger und hat einen regelmäßigen Rhythmus.

Wenn wir einatmen, dehnt sich die Bauchdecke; wenn wir ausatmen, wird der Bauch dünn und zieht sich zusammen. Die Ausatmung ist doppelt so lang wie die Einatmung.

Wir üben mit unserem Kopf, um die Halsmuskulatur zu entspannen. Wir stellen uns vor, unser Kopf ist an einem unsichtbaren Faden am Hinterkopf befestigt. Der Faden zieht unseren Kopf leicht nach oben und hinten. Wir spüren die Spannung im Hals und lassen den Kopf wieder sinken. Noch einmal lassen wir den Kopf sich an dem unsichtbaren Faden nach oben und hinten strecken, spüren die Anspannung im Kinn und im Hals und lassen wieder los. Jetzt strecken wir das Gesicht nach vorne, spüren die Anspannung im Hals und lassen wieder locker; noch einmal das Gesicht nach vorne schieben, das Kinn etwas anheben, die Spannung im hinteren Halsmuskel spüren und locker lassen. Jetzt heben wir die rechte Schulter bis zum Ohr hoch, spüren die Spannung im Hals und in der Schulter und lassen sie wieder fallen; noch einmal die rechte

Schulter hochziehen, die Spannung im Hals und in der Schulter spüren, fallen lassen und die Lockerung spüren. Das gleiche üben wir mit der linken Schulter (der Trainer gibt die Instruktionen genau wie rechts).

einer Hülle untergebracht werden kann. Der Trainer erzählt den Teilnehmern, daß dieses Arbeitsbuch von einem jugendlichen Neurodermitiker graphisch gestaltet wurde. Die Teilnehmer sollen nun auf dem Arbeitsblatt „Zielorientiert" (s. S. 56) verbalisieren, was ihr Ziel für die Behandlung allgemein und speziell hinsichtlich der Teilnahme am Neurodermitis-Treff ist.

Inhalt 2: Juckreizwahrnehmung und Vorboten des Juckreizes

Der Trainer bittet die Teilnehmer, sich zu der geübten Juckreiz-Stop-Technik zu äußern, und befragt anhand des Neurodermitiswochenbogens, ob die von jedem Teilnehmer gewählte Zone kratzfrei geblieben ist. Eine neue Körperstelle wird gewählt. Die „alte" Stelle wird bei Juckreiz weiter gekühlt, wenn dies erfolgreich gewesen ist. Die neue Stelle wird mit der zweiten Juckreiz-Stop-Technik behandelt. Dazu verteilt der Trainer an alle Teilnehmer die jeweilige Pflegecreme, die er sich vorher im Eincremezimmer anhand der Verordnung herausgesucht hat. Es gibt keine allgemeingültige Pflegecreme, da jeder einen anderen Hauttyp hat. Den Teilnehmern wird dadurch auch vermittelt, wie sorgfältig sie selbst mit der Auswahl der Fettstufen in den Pflegecremes umgehen müssen. Der Trainer erklärt, daß bei einer Juckreizempfindung die Haut sorgfältig eingecremt werden soll.

Gemeinsam werden Vorboten der Juckreizempfindung benannt (s. Arbeitsblatt „Juckreiz-Kratz-Zirkel mit Bewältigungsstrategien", S. 58):

- Merkwürdiges Gefühl
- Brennen
- Leichte Rötung
- Kribbeln
- Ziehen in der Haut
- Stiche
- Trockenheit

Der Cremetopf mit der „Anti-Juckreiz-Creme" sollte so klein sein, daß er bequem in eine Jeanstasche paßt. Geeignet sind in der Klinik mit Deckel versehene Medikamentenbecher, ansonsten kleine Dosen von Kosmetikaproben oder zuschraubbare Behälter.

An dieser Stelle kann der von der Kleingruppe gedrehte Videofilm zum Eincremen gezeigt werden. Der Trainer hat währenddessen Zeit, jedem Teilnehmer drei Stempel in den Neurodermitis-Paß zu geben: einmal für das Entspannungstraining, einmal für die Juckreiz-Stop-Technik und einmal für die Teilnahme am Training.

Inhalt 3: Bedeutung der Neurodermitis

Das Arbeitsblatt „Individuelle Bedeutung der Erkrankung" (s. S. 57) wird aufgeschlagen. Der Trainer gibt die Instruktion: „Bitte unterstreicht einige für euch wichtige Begriffe im Zusammenhang mit der Neurodermitis." Nun wird ein Begriff nach dem anderen auf das Arbeitsblatt „Krankheitsbewältigungsstrategien" (s. S. 60) geschrieben und dazu ein hilfreicher Gedanke gesucht. Der Trainer erklärt daraufhin die Wirkung positiver Selbstinstruktion: „Vielleicht habt Ihr schon einmal die Erfahrung gemacht, daß Euch Dinge unterschiedlich stark belastet haben, je nachdem, mit welcher Einstellung Ihr an die Sache herangegangen seid. Man kann sich z. B. sagen: 'Heute schreiben wir eine Mathe-Arbeit, die verhaue ich sowieso wieder.' Dies wirkt sich eher negativ auf das Ergebnis aus. Man könnte sich aber auch sagen: 'Heute schreiben wir eine Mathe-Arbeit, ich werde mit den leichten Aufgaben anfangen, die ich im Übungstest gut konnte, dann wird es schon nicht so schlimm werden.' So ist auch die Einstellung zu Deiner Erkrankung wichtig, um in schwierigen Situationen besser klarzukommen. Schreibe also in die Spalte 'hilfreiche Gedanken' zu den Begriffen, die Du Dir ausgesucht hast, etwas für Dich Hilfreiches auf!" Während die Teilnehmer ihre Gedanken zu Papier bringen, kann der Trai-

ner einzelnen bei Fragen zu den Begriffen behilflich sein.

Jeweils drei aus der Gruppe gehen vor die Tür und überlegen, evtl. mit Hilfe des Trainers, die Begriffe pantomimisch darzustellen. Einer stellt den Begriff dar, z. B. Wut, der zweite den negativen Gedanken, der dritte den positiven Gedanken. Die zurückbleibenden Gruppenmitglieder sollen raten, welcher Begriff gemeint ist. Der Trainer beendet diesen Themenkreis mit einer Runde, in der jeder einen seiner Begriffe und den dazugehörigen positiven Gedanken den anderen vorliest oder darstellt. Dabei kann der Trainer beobachten, welcher Teilnehmer welche Begriffe auswählt oder meidet, um diese später im Einzelgespräch noch einmal aufzugreifen.

Unterstützende Übungen
Ziele:
- Sich aktiv am Heilungsprozeß beteiligen
- Inhalte der Schulung festigen
1. Aufgreifen der eigenen positiven Selbstinstruktion in der ärztlichen Visite (s. o.). Ziel ist es, Ängste, die als negative Gedanken formuliert wurden (Beispiel: „Mich kann sowieso keiner leiden wegen meiner roten Haut!"), anzusprechen und persönlich schwierige Situationen zu bewältigen helfen.
2. Inhalte im Video szenisch umsetzen. Die Gruppe

spielt das Thema „Schlaflosigkeit" als Slapstick (z. B. Juckreiz – Aufwachen – Kratzen). Regieanweisung: Einer der „Schlaflosen" springt aus dem imaginären Bett, macht alle Lichter an und „zappt" sich durchs Fernsehprogramm, bis er den Nachthorrorfilm erreicht hat, spielt „Angst" und verkriecht sich unter der Decke. Die Überschrift des Slapsticks ist „Ablenkung vom Juckreiz". Der andere „Schlaflose" sagt „Ablenkung allein reicht nicht, ich nehme folgendes Patentrezept":

- Kleines Licht anschalten
- Creme am Bett stehen haben
- Stellen eincremen und neu einwickeln
- Evtl. Fenistil-Tropfen gegen Juckreiz nehmen
- Evtl. eine Kassette mit ruhiger Entspannungsmusik einlegen
- Ruhe-, Entspannungsübungen durchführen
- Sich positive Instruktion geben: „Der Juckreiz ist gleich vorbei."

Ein dritter Mitspieler macht die Schritte hintereinander vor.

3. Jeder in der Gruppe bekommt die Aufgabe, verschiedene Ärzte zu einem der genannten Themen, die den Patienten bei der Neurodermitis eingefallen sind, zu befragen.

Arbeitsblatt: „Deckblatt"

Dieses Heft gehört: _____

Gruppe : _____

1. Welche Ziele hast Du für Deinen Aufenthalt
   in unserer Klinik auf Sylt ?

2. Was wolltest Du schon immer mal über
   Neurodermitis wissen ?

Arbeitsblatt: „Zielorientiert"

Was bedeutet für mich Neurodermitis?

Unruhe

Aufmerksamkeit

Ekzem

trockene Haut

traurig sein

Wut

verletzt

Schlaflosigkeit

eincremen

fettig

rote Haut

Zuwendung

sich hilflos fühlen

Ermahnungen

Juckreiz

offene Stellen

dumme Sprüche

krank

Streß

Male die Begriffe an, die für Dich zutreffend sind. Du kannst auch eigene Dinge hinzufügen!

Arbeitsblatt: „Individuelle Bedeutung der Erkrankung"

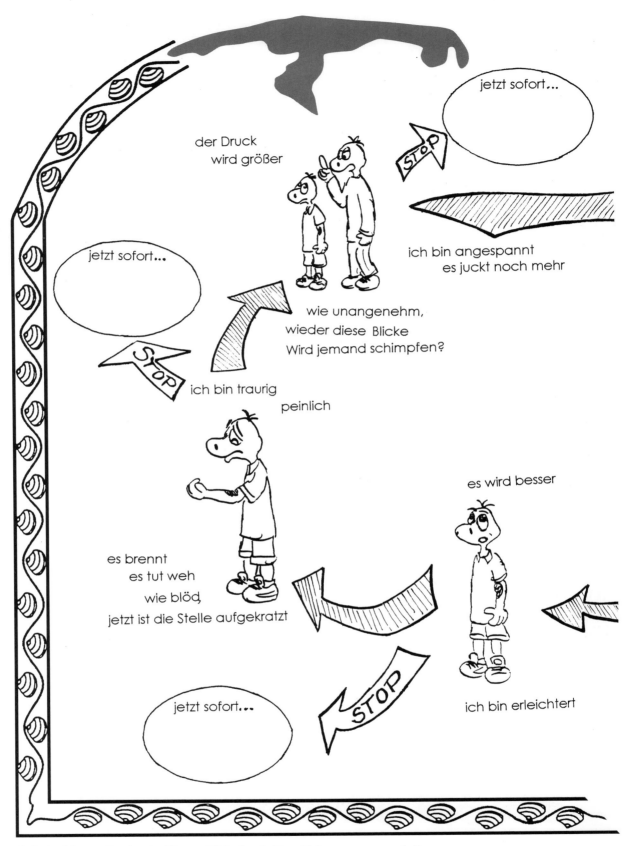

Arbeitsblatt: „Juckreiz-Kratz-Zirkel mit Bewältigungsstrategie"

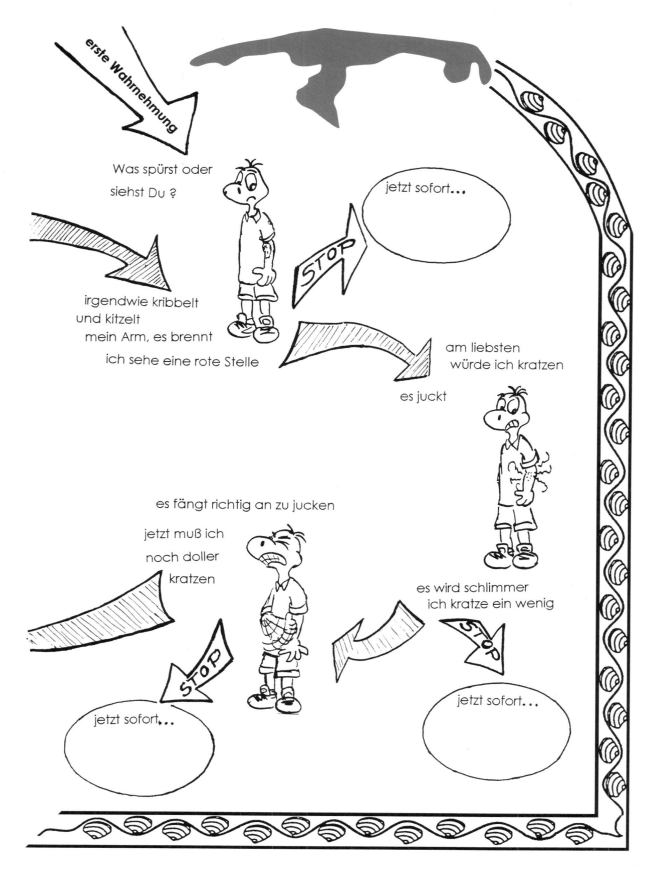

59

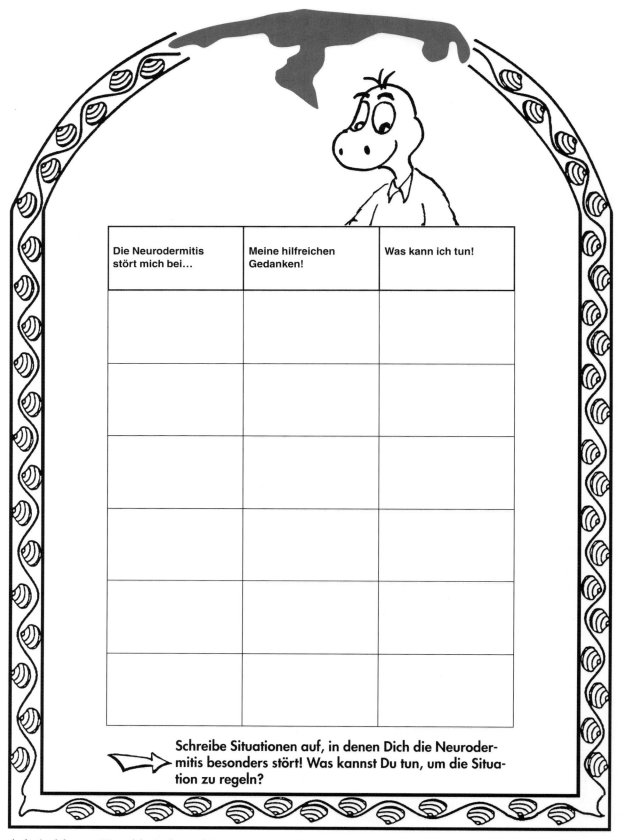

Die Neurodermitis stört mich bei…	Meine hilfreichen Gedanken!	Was kann ich tun!

Schreibe Situationen auf, in denen Dich die Neurodermitis besonders stört! Was kannst Du tun, um die Situation zu regeln?

Arbeitsblatt: „Krankheitsbewältigungsstrategien"

5.3 Dritte Gruppensitzung: Alternativen zum Kratzverhalten und Haut

Materialien

- Lupe zum Betrachten der Haut
- Neurodermitiswochenbogen
- Neurodermitis-Paß
- Arbeitsheft „Fühl mal"
- Stifte
- Anatomisches Modell oder Plakat zur Haut
- pH-Meßstreifen

Inhalt 1: Entspannung

Der Trainer gibt die Instruktion zur Progressiven Muskelentspannung (s. Übung).

Übung: Progressive Muskelentspannung von Schulter, Brust und Bauch

Wir setzen uns bequem hin, fixieren einen Punkt auf der Erde oder schließen die Augen. Die Hände liegen locker auf den Oberschenkeln, die Handflächen zeigen nach oben. Wenn wir zur Ruhe gekommen sind, spüren wir, wie die Atmung langsam und ruhig ist. Wenn wir einatmen, wölbt der Bauch sich vor, wenn wir ausatmen, wird er langsam dünn. Die Ausatmung ist länger als die Einatmung.

Über unsere Haut spüren wir die Muskelanspannung und -entspannung. Wenn wir einatmen, dehnt sich die Bauchdecke; wenn wir ausatmen, zieht sie sich langsam zusammen. Wir üben mit den Schultern und ziehen beide Schultern bis zu den Ohren hoch, spüren die Spannung in den Schultern und in den Schulterblättern und lassen beide Schultern fallen. Wir wiederholen dies und ziehen die Schultern noch einmal bis zu den Ohren hoch, spüren die Anspannung und lassen dann alles locker und spüren, daß die Arme schwer sind und entspannt.

Wir üben weiter und führen beide Schultern vor die Brust nach vorne, spüren die Spannung im Rücken und in den Schultern und lassen die Schulter wieder fallen. Jetzt üben wir noch einmal: die Schultern nach vorne führen, die Anspannung in den Schulterblättern und dem Rücken spüren und lösen und die Entspannung spüren.

Nun drücken wir beide Schultern nach hinten, spüren die Anspannung in der Brustmuskulatur und lassen die Schultern wieder locker, so daß sich auch die Brust entspannen kann. Noch einmal führen wir beide Schultern nach hinten und spüren die Anspannung, lassen wieder locker und spüren die Entspannung in den Brustmuskeln und in der Schulter.

Für die Bauchmuskeln heben wir die Knie etwas von der Unterlage hoch, spüren die Anspannung im Bauch, lassen wieder die Knie auf die Unterlage bzw. die Beine herunter und spüren die lockere Entspannung beim Atmen. Wir üben noch einmal mit den Bauchmuskeln und ziehen die Knie nach oben, spüren die Anspannung im Bauch und lassen die Beine wieder herunter bzw. auf die Unterlage, damit der Bauch sich entspannen kann.

Schultern, Brust und Bauch sind jetzt entspannt, und der Atem fließt noch leichter ein und aus.

Wir bleiben noch zwei bis drei Minuten in der Ruhe und genießen Ruhe und Entspannung (wenn die Übung beendet werden soll, gibt der Trainer einen kurzen Hinweis).

Inhalt 2: Juckreizwahrnehmung und Alternativen zum Kratzverhalten

Der Trainer betrachtet reihum die Neurodermitiswochenbogen und läßt sich von den Teilnehmern berichten, wie wirkungsvoll sie die zweite Juckreiz-Stop-Technik (Cremen) anwenden konnten. Es wird eine neue Körperregion bestimmt, an der die dritte Juckreiz-Stop-Technik, das Reiben und Drücken, ausprobiert werden soll. An den „alten" Stellen sollen Kühlen und Cremen weiter angewendet werden. Die Teilnehmer üben und notieren sich die richtige Stärke des Reibens und Drückens sowie ihre gewählte Körperregion auf dem Bogen.

Durch das Abstempeln des Neurodermitis-Passes nach diesem Thema wird erneut die Wichtigkeit der Juckreizwahrnehmung und der Hausaufgabe dokumentiert. Während der Trainer abstempelt, kann er Mut machen, Hinweise für den einzelnen geben, Fehlverhalten durch kleine Änderungen („Versuch doch mal, jeden Tag die Creme in die Jeans zu packen!") korrigieren und damit die Kompetenz des Patienten stärken.

Inhalt 3: Haut und Hautphysiologie

Anhand des anatomischen Hautmodells und der Arbeitsblätter „Aufgaben der Haut" (s. S. 64) und „Haurätsel" (s. S. 63) werden die Bestandteile der Haut kurz erläutert. Das Schichtensystem (Oberhaut, Lederhaut, Unterhaut) soll den Teilnehmern klarmachen, wie viele Organbestandteile (Bindegewebe, Haare, Schweißdrüsen, Nägel, Nerven, Fettgewebe, Talgdrüsen, Abwehrzellen) in der Haut vorhanden sind. Das größte Organ unseres Körpers ist deshalb besonders schützenswert, da es lebensnotwendige Stoffwechselvorgänge gewährleistet. Die Teilnehmer sollen lernen, daß sich durch Talg und Schweiß der Säureschutzmantel als Abwehr gegen eindringende Keime über die äußere Haut legt und daß man den Säureschutzmantel (pH-Wert 5,5) durch äußere Einwirkung erhalten oder zerstören kann. Die Haut als Ort allergischer Reaktionen wird im Zusammenhang mit Kontakt- und Nahrungsmittelallergien erklärt. Auch die diagnostischen Möglichkeiten direkt an der Haut, wie sie die meisten Teilnehmer an sich selbst schon erlebt haben, werden mit dem Hautmodell und den darin enthaltenen Abwehrzellen beschrieben.

Die Betonung der Wissensvermittlung liegt auf:

- Schutz des komplexen Organs
- Einfluß der peripheren Nerven auf das zentrale Nervensystem (Reizübertragung von Juckreiz, Hautspannung, Schmerzen bei Wunden und Rückmeldung an die Peripherie, um sich zu schützen)
- Wahrnehmung der positiven Empfindung über die Haut (Tasten, Fühlen von angenehmer Berührung, Entspannung durch Körperkontakt)
- Eigener positiver Umgang mit der Haut

Im Selbstversuch vor und nach Seifenanwendung kann mittels der pH-Meßstreifen die Zerstörung des Säureschutzmantels der Haut erlebt werden.

Unterstützende Übungen
Ziele:
- Vertiefung des Wissens
- Umsetzung in den Alltag
1. Die Teilnehmer erhalten die Aufgabe, für die Pinwand über ihrem Bett ein Schild zu entwerfen: „Morgens gleich eincremen!" Das Schild wird außerhalb der Gruppensitzung gemeinsam mit dem Trainer über dem Bett des Patienten aufgehängt.
2. Der Trainer gibt den Teilnehmern die Aufgabe, ihm bis zur nächsten Gruppensitzung ein Buch oder eine Broschüre zu Haut und Neurodermitis vorbeizubringen. Damit werden die Teilnehmer motiviert, sich noch einmal mit dem Thema auseinanderzusetzen.
3. Ein Teilnehmer erhält die Aufgabe, Waschlotion mit dem pH-Wert von 5 bis 6 bei den Krankenschwestern zu besorgen und an die Gruppenmitglieder zu verteilen.

Was ist los in Deiner Haut? Löse das Rätsel!

Arbeitsblatt: „Hauträtsel"

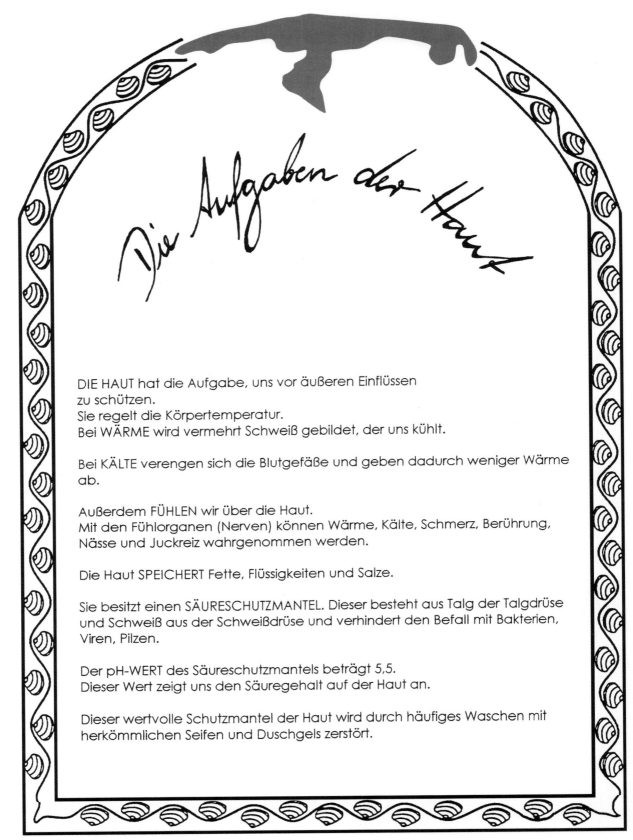

Die Aufgaben der Haut

DIE HAUT hat die Aufgabe, uns vor äußeren Einflüssen
zu schützen.
Sie regelt die Körpertemperatur.
Bei WÄRME wird vermehrt Schweiß gebildet, der uns kühlt.

Bei KÄLTE verengen sich die Blutgefäße und geben dadurch weniger Wärme
ab.

Außerdem FÜHLEN wir über die Haut.
Mit den Fühlorganen (Nerven) können Wärme, Kälte, Schmerz, Berührung,
Nässe und Juckreiz wahrgenommen werden.

Die Haut SPEICHERT Fette, Flüssigkeiten und Salze.

Sie besitzt einen SÄURESCHUTZMANTEL. Dieser besteht aus Talg der Talgdrüse
und Schweiß aus der Schweißdrüse und verhindert den Befall mit Bakterien,
Viren, Pilzen.

Der pH-WERT des Säureschutzmantels beträgt 5,5.
Dieser Wert zeigt uns den Säuregehalt auf der Haut an.

Dieser wertvolle Schutzmantel der Haut wird durch häufiges Waschen mit
herkömmlichen Seifen und Duschgels zerstört.

Arbeitsblatt: „Aufgaben der Haut"

5.4 Vierte Gruppensitzung: Auslöservermeidung und sozial kompetenter Umgang im ärztlichen Gespräch

Materialien

- Abbildungen bzw. Dias zum Thema Auslöser
- Arbeitsbuch
- Stifte
- Neurodermitiswochenbogen
- Neurodermitis-Paß
- Kleidungsstücke für Rollenspiel
- Arztutensilien

Inhalt 1: Entspannung einüben

In dieser Stunde wird innerhalb der Entspannungsinstruktion, die nur durch die Atemübung eingeleitet wird, ein Text zur Wahrnehmung des Sinnesorgans „Haut" gelesen. Dieser Text verbindet die dritte Gruppensitzung mit der vierten und leitet zu den weiteren Inhalten der Sitzung über. Zusätzlich soll die Aufmerksamkeit im Hinblick auf die Wertschätzung des Organs „Haut" geschärft werden. Der positive Umgang mit der Haut soll auch den positiven Umgang mit sich selbst stärken. Die Wahrnehmungsübung wird in der Gruppe nachbesprochen.

Übung: Wahrnehmung der Haut

Setze oder lege Dich bequem hin, schließe Deine Augen oder fixiere einen Punkt an der Decke. Du fühlst Deine Haut wie eine große, dehnbare Schutzhülle um Dich herum. Deine Atmung wird ruhig und regelmäßig. Deine Ausatmung ist länger als die Einatmung. Deine Haut dehnt sich beim Einatmen und zieht sich beim Ausatmen wieder zusammen.

Deine Haut ist Dir ganz nah, und Du brauchst keinen Spiegel, um sie zu sehen. Sie spricht ständig mit Dir. Sie sagt Dir, ob Du frierst, ob Dir warm ist, ob Du Dich wohl fühlst oder ob Du Schmerzen hast. Sie ist manchmal verletzt, wenn Du hingefallen bist, Dich gestoßen hast oder wenn Du Dich gekratzt hast. Schnell schließt sie sich wieder, um Dich zu schützen. Auch das kann sie, Deine Haut, denn sie ist versorgt mit einem großen Netz von Blutgefäßen. In den Blutadern fließen Sauerstoff und viele gute Nährstoffe, die Deine Haut braucht. Unmerklich baut sich Deine Haut auf und ab. Sie scheidet Giftstoffe aus, und sie kann mit ihrem Säureschutzmantel aus Talg und Schweiß, der wie eine zweite Haut auf ihr liegt, die Krankheitskeime aus der Luft zerstören. Du kannst sicher sein, daß Deine Haut immer für Dich da ist und Dich schützt. Deine Haut ist wie eine zarte Blume. Du kannst sie auch schützen, damit sie frisch und munter bleibt. Natürlich läßt sie auch mal den Kopf hängen. Deine Haut ist dann müde, und es geht ihr schlecht, z. B. wenn Du einen Deiner Ekzemschübe hast. Dann kannst Du fühlen, wie rauh sie ist, wie heiß, wie entzündet und wie rubbelig sie sich anfühlt. Du fühlst dies mit den Fühlorganen der Haut; sie heißen Nerven.

Auch jetzt spürst Du Wärme, Kühle, Druck über Deine Hautnerven – und noch mehr: Manchmal spürst Du, wie Du mit leidest, weil Deine Haut leidet. Vielleicht geht es Deiner Haut genauso: Sie leidet, weil Du leidest. Vielleicht war es ein hautreizendes Duschgel, was zum Ekzemschub geführt hat, oder der Pollenflug, der einsetzte. Vielleicht war es auch etwas von innen, aus Dir: Dein Zorn, der Ärger mit der Freundin, dem Freund oder der Schwester, der Streit Deiner Eltern, der Dich bedrückte. Etwas, was Du wie ein Brennen oder einen Schmerz in der Mitte Deines Körpers spürtest – und plötzlich juckte Deine Haut. Die Anspannung, die Du in Dir wahrnimmst, spannt manchmal ganz schnell auch Deine Haut. Deine Nervenanspannung zieht in Dei-

65

nem Körper wahllos herum und läßt sich am liebsten in Deinem empfindlichsten Organ nieder: in Deiner Haut. Nun fängt Deine Arbeit an: Beruhige Deine Haut, lege Dir eine Creme bereit, mache es Dir gemütlich, lies ein Buch, höre Musik, massiere Deine Haut mit Deiner Pflegecreme, und laß los, laß los. Du wirst merken, das dies das Beste war, was Du an diesem Tag für Dich und Deine Haut gemacht hast. Und viele Tage werden folgen mit Deinem eigenen Erfolgsrezept.

Inhalt 2: Juckreizwahrnehmung und Alternativen zum Kratzen

Der Trainer bespricht mit den Teilnehmern Erfahrungen mit der dritten Juckreiz-Stop-Technik, dem Reiben und Drücken. Anhand des Arbeitsblatts „Anti-Juckreiz, Tips & Tricks, Kratzalternativen" (s. S. 69) werden nun alle flankierenden Maßnahmen, wie Nägel kurz halten, Ablenkung zurechtlegen, Entspannen üben, und die von den Teilnehmern genannten Kratzalternativen kurz angesprochen. Jeder Teilnehmer nimmt sich eine für ihn bisher eher nicht durchgeführte Juckreiz-Stop-Technik vor; er probiert sie an einer Hautstelle aus, die nicht so stark betroffen ist. Dies hat den Sinn, einerseits Mißerfolge leichter durch medizinische Maßnahmen auffangen zu können, andererseits beim Anwen-

den von komplexen Techniken (Entspannungsübungen) keinen größeren Mißerfolg erleben zu müssen. Erfahrungsgemäß ist Kühlen und Eincremen das beliebteste Mittel gegen das Kratzen, so daß die Hürde zu anderen Juckreiz-Stop-Techniken nicht genommen wird, da sie eher langfristigere Wirkung zeigen (Scheewe & Skusa-Freeman, 1994).

Der Trainer verteilt wieder Stempel auf dem Neurodermitis-Paß und gibt eventuell zusätzliche Stempel (wenn Literatur mitgebracht wurde; s. „Unterstützende Übung" der letzten Sitzung). Ist Material zur Haut mitgebracht worden, geht der Trainer darauf ein und wiederholt anhand der Materialien einige Aspekte.

Inhalt 3: Auslöservermeidung

Es wird ein Rollenspiel zum Thema „Diagnostik und Arzt" durchgeführt (s. Arbeitsblatt „Beispiel zum Rollenspiel Arztbesuch"). Nachdem der Trainer mit den Teilnehmern die Arbeitsblätter „Auslöserkreis" und „Individuelle Auslöser" (s. S. 70, 71) besprochen hat, werden zweimal drei bis vier Teilnehmer für ein Rollenspiel ausgewählt.

Der Trainer gibt den Hinweis, daß zu den Themen Kosmetikprodukte und Nahrungsmittel intensive Schulungseinheiten stattfinden und die Wissensvermittlung hier nicht vertieft wird.

Inhalt 4: Sozial kompetenter Umgang im ärztlichen Gespräch

Der Trainer schreibt eine Instruktion auf eine Karte.

- Instruktion für die erste Gruppe: „Bitte stellt dar, wie Dein Arzt Deine Auslöser feststellen kann. Dein Arzt hat Interesse an Dir und macht eine gründliche Diagnostik." (Gutes Arzt-Patient-Verhältnis)
- Instruktion für die zweite Gruppe: „Dein Arzt hat keine Zeit und will keine Diagnostik machen. Versuche, ihn zu überzeugen, daß er Dir erklärt, woher Deine Neurodermitis kommt." (Schwieriges Arzt-Patient-Verhältnis)

Eine Gruppe geht nach draußen. Beide Gruppen bereiten mit Hilfe des Trainers ihr Rollenspiel vor. Die zweite Gruppe beginnt. Die erste Gruppe spielt direkt im Anschluß. Beide Rollenspiele werden dann gemeinsam ausgewertet (Beispiele s. u.).

Übung: Rollenspiele Beispiel für ein schwieriges Arzt-Patient-Verhältnis

Dr. Salbig: „Guten Tag, Regina."

Regina: „Guten Tag, Herr Doktor; meine Haut ist wieder so schlimm geworden."

Dr. Salbig: „Ja, wie sehen Deine Handgelenke schon wieder aus? Da müssen wir wohl mal eine stärkere Salbe verordnen." (Dreht sich zu seinem PC und fängt an, ein Rezept einzutippen.)

Regina: „Herr Doktor, es ist immer im Winter so schlimm, woher kommt das denn? Vor allem im Bett ist es schlimm."

Dr. Salbig: „Na ja, das ist halt immer so mit der Neurodermitis – im Winter ist sie schlimmer."

Regina: „Bei meiner Freundin ist sie aber im Sommer ganz schlimm wegen der Pollen."

Dr. Salbig: „Und bei Dir im Bett? Ja schwitzt Du denn da drin?" (Tippt wieder in seinen PC.)

Regina: „Nein, aber letztens auf der Klassenreise habe ich beim Skilaufen – und da war es auch sehr kalt – in meinem Schlafsack gut geschlafen, ohne Juckreiz. Können Sie nicht mal nachschauen, ob ich auch eine Allergie gegen irgend etwas habe, vielleicht gegen mein eigenes Bett?"

Dr. Salbig: „Die Zeit drängt, aber wenn ich mir das recht überlege, sollten wir eine Allergie gegen Hausstaubmilben ausschließen, und vielleicht bist Du auch gegen Federn allergisch. Laß Dir von der Arzthelferin mal einen Termin zum Allergietest geben."

Regina: „Okay, danke, Herr Doktor, und erklären Sie mir dann alles, wenn der Test gemacht ist?"

Beispiel für ein gutes Arzt-Patient-Verhältnis

Dr. Hautnah: „Guten Morgen, Robin."

Robin: „Hi, Doc, ich hab' schon lange keinen Heuschnupfen mehr gehabt, aber seit einiger Zeit juckt mir der Hals ständig und die Hände. Was kann das sein?"

Dr. Hautnah: „Du siehst irgendwie anders aus, hast Du Deine Haare gefärbt?"

Robin: „Nö, nur 'ne Tönung, hab' ich seit zwei Monaten, das ist unsere Jahrgangsfarbe, leicht rötlich; das vertrag' ich aber gut, Herr Doktor."

Dr. Hautnah: „Robin, hör mir mal zu (guckt sich Robins Hals genauer an), das sieht aus wie eine Neurodermitis, eventuell ausgelöst durch eine Kontaktallergie. Typisch ist auch, daß ansonsten nur Deine Hände betroffen sind, und damit berührst Du ja Dein Haar ständig, beim Kämmen usw ..."

Robin: „Glaub' ich nicht, aber wenn Sie meinen ..."

Dr. Hautnah: „Wenn Du wissen willst, woher das kommt, dann müssen wir ein paar Tests machen, auf Allergien von Kontaktstoffen und Nahrungsmitteln. Deinen letzten Pricktest suche ich noch raus. Außerdem gebe ich Dir ein Tagebuch mit, das Du eine Woche führst. Bis dahin benutzt Du diese Heilsalbe mit Zink und cremst

Dich zweimal täglich ein. Laß bitte das Tönungsshampoo erst mal weg, und bring mir die Flasche nächstes Mal mit. Laß Dir in einer Woche wieder einen Termin geben."

Robin: „Kann das auch mit meinem Schulstreß zusammenhängen? Ich muß zur Zeit viele Arbeiten schreiben fürs Halbjahreszeugnis."

Dr. Hautnah: „Darüber unterhalten wir uns dann, wenn wir Deinen Allergietest vorliegen haben, okay, Robin?"

Robin: „Okay, Doc. Tschüs."

Bei der Auswertung des Rollenspiels fließt auf der einen Seite von den Teilnehmern selbst eingebrachte Information zu Auslösern und Vermeidung ein, die oft mehr Wirkung zeigt als eine „dozierte" Information durch den Trainer. Auf der anderen Seite wird das wichtige Thema des Vertrauensverhältnisses vom Arzt zum chronischen Hautpatienten angesprochen (zur Technik des Rollenspiels vgl. Petermann & Petermann, 1997).

Der Teilnehmer soll folgende Punkte reflektieren:

1. Mein eigenes Interesse, die kranke Haut zu heilen, muß auch Anliegen meines Arztes werden. Erreichen kann ich das durch:
   - Fragen stellen
   - Betroffenheit formulieren
2. Schwierigkeiten mit meinem Arzt löse ich erst als letzte

Möglichkeit durch einen Arztwechsel. Zuerst bespreche ich mit dem Arzt meine Unzufriedenheit (evtl. mit Hilfe eines Elternteils) und verabrede einen Termin. Dabei formuliere ich realistische Wünsche an den Arzt.

3. Mein Arzt kann mir nur helfen, wenn ich bereit bin, selbst zur Heilung beizutragen.
   - Wenn mein Arzt „Unmögliches" von mir verlangt (z. B. ein 14jähriges Mädchen soll ihre gesamten Kosmetika nicht mehr benutzen), frage ich nach Alternativen.
   - „Therapiestreß" offen als solchen formulieren
   - Arzt um Aufklärung bitten

Die Stunde endet, indem jeder Teilnehmer sich einen Satz zum Thema „Das Vertrauen zu meinem Arzt kann ich vergrößern, wenn ..." aufschreibt (s. dazu Arbeitsblatt „Beispiel zum Rollenspiel Arztbesuch", S. 72). Dieses wichtige Thema wird in der letzten Gruppensitzung erneut im Rahmen des Themenkomplexes „Alltagstransfer" aufgegriffen und gefestigt. Die Hausaufgabe lautet: Eincremekarte aus dem Eincremezimmer mitbringen.

Unterstützende Übungen

1. Der Trainer gibt Hautquiz bzw. Rätsel mit und bittet die Teilnehmer, dies als ablenkende Maßnahme bei Juckreiz auszuprobieren.
2. Als vertrauensverstärkende Maßnahme soll jeder Teilnehmer ausprobieren, ob er in der morgendlichen Ambulanz seinen Arzt davon überzeugen kann, er möge ihm die SOS-Creme gegen Juckreiz (Optiderm®) mitgeben, auch wenn derzeit keine akuten Hautstellen da sind. In der nächsten Stunde wird dann aufgearbeitet, wie man seinen Arzt davon überzeugt hat, daß er dies tut.
3. Die Teilnehmer drehen ein Video zum Thema „Arzt – Patient." Die in der Gruppe genannten Erfahrungen aus der 4. Gruppenstunde werden als reine Pantomime in ca. 14-Sekunden-Spots gedreht.

Schreibe Deine Tips und Tricks gegen den Juckreiz in die Felder!

Arbeitsblatt: „Anti-Juckreiz, Tips & Tricks, Kratzalternativen"

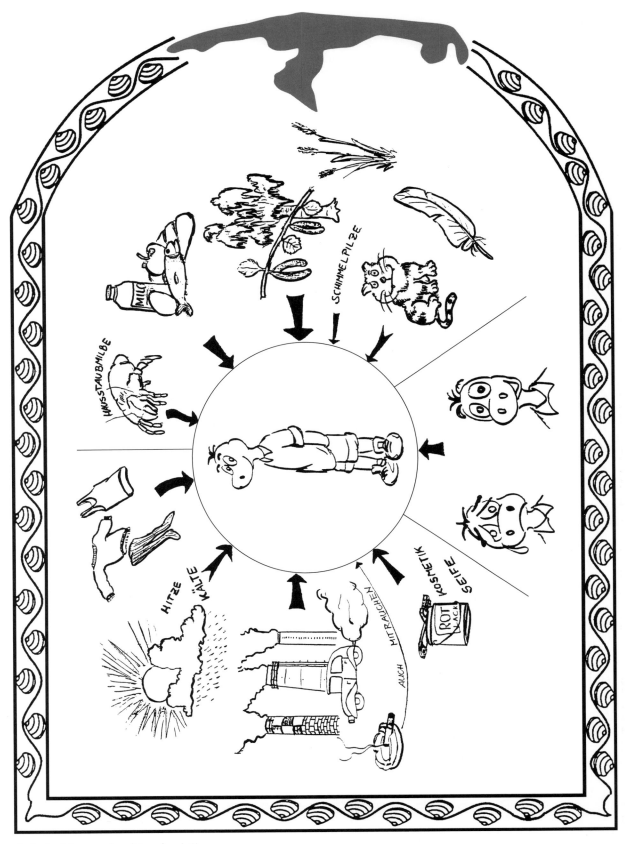

Arbeitsblatt: „Auslöserkreis"

Arbeitsblatt: „Individuelle Auslöser"

Du weißt bestimmt noch genau, wie es war, als Du das letzte
Mal bei Deinem Arzt oder Deiner Ärztin warst.

Welche Vorstellungen hast Du, wenn Du in die Praxis gehst?
Was erwartest Du von ihr/ihm?
Was erwartet sie/er von Dir?

Spielt in Deiner Gruppe in verschiedenen Rollen Eure
Erfahrungen und Vorstellungen durch.

Arbeitsblatt: „Beispiel zum Rollenspiel Arztbesuch"

5.5 Fünfte Gruppensitzung: Persönliche Juckreiz-Stop-Technik und Wirkstoffe der Salbentherapie

Materialien

- „Fühl mal"-Arbeitsbuch
- Neurodermitiswochenbogen
- Neurodermitis-Paß
- Eincremekarte (s. S. 76)
- Okklusivfolien
- Rote und blaue Stifte
- Utensilien für die Eincremepantomime

Inhalt 1: Entspannung

Der Trainer gibt die Instruktion zur Progressiven Muskelentspannung.

Übung: Progressive Muskelentspannung der Füße und Beine

Wir setzen uns bequem hin bzw. legen uns auf den Rücken. Wir schließen die Augen oder fixieren einen Punkt. Unsere Hände liegen entspannt auf den Oberschenkeln, oder wir legen sie neben den Körper. Die Atmung ist ruhig und regelmäßig, die Bauchdecke dehnt sich bei der Einatmung und zieht sich bei der Ausatmung zusammen.

Wir üben mit den Beinen und den Füßen. Wir strecken die Zehen des rechten Beines vom Körper weg, spüren die Anspannung im rechten Unterschenkel und lösen die Spannung. Wir wiederholen die Übung und spüren bei gestreckten Zehen die Anspannung im Unterschenkel, lassen wieder los und merken, wie das Blut langsam in den Unterschenkel fließt und das Bein warm wird. Jetzt krallen wir die rechte Zehe so, als wollten wir einen Bleistift halten, spüren die Spannung im Fuß und im Unterschenkel und lassen wieder los, bis alle Muskeln im Fuß locker sind. Wir wiederholen die Übung und spüren, wie der Fuß langsam warm wird. Jetzt nehmen wir das rechte Bein gestreckt von der Unterlage hoch, spüren die Spannung im Bauch und im Oberschenkel und lassen das Bein langsam herunter und locker. Noch einmal heben wir das Bein gestreckt von der Unterlage bzw. heben es leicht vom Boden hoch, spüren die Anspannung im Bauch und im Oberschenkel und lassen wieder locker. Jetzt ist das Bein entspannt, und die Muskeln liegen schwer auf dem Stuhl oder der Matte. Nun machen wir die gleichen Übungen mit der linken Seite (der Trainer wiederholt die Instruktionen jetzt für die linke Seite).

Wir bleiben jetzt noch zwei bis drei Minuten in der Ruhe liegen bzw. sitzen, spüren die Schwere in den Beinen und in den Füßen und die ruhige Atmung. Wir genießen die Ruhe und Entspannung (der Trainer gibt danach das Zeichen zum Beenden der Übung).

Inhalt 2: Juckreizwahrnehmung und persönliche Juckreiz-Stop-Technik

Der Neurodermitiswochenbogen wird reihum besprochen. Jeder Teilnehmer wählt sich wieder eine Körperstelle, die er bei Juckreiz nicht mehr kratzen will. Ab dieser Stunde wird keine Juckreiz-Stop-Technik mehr vorgegeben, sondern jeder Teilnehmer soll aus den ihm bekannten und geübten Techniken eine für ihn passende heraussuchen und weiter üben. Der Trainer verteilt Stempel für die Hausaufgabe (Karte mitbringen), das Entspannungstraining, den Neurodermitiswochenbogen und die Teilnahme.

Inhalt 3: Wirkstoffe der Salbentherapie

Die Eincremekarte (s. S. 76) beinhaltet alle Salbenexterna und Anwendungsformen des Patienten. Sie wird im Eincremezimmer der Klinik in einem Karteikasten aufbewahrt. Sie dient dem Pflegepersonal und dem Patienten als schnelle

73

Information, welche Salbe in welcher Form auf welche Körperregion aufgetragen wird.

Der Trainer bittet die Teilnehmer, die heilende Salbe mit einem roten Stift und die pflegende Salbe mit einem blauen Stift auf der Karte und dann auf dem Arbeitsblatt zu markieren. Die Namen der Salben werden dazu auf das Arbeitsblatt „Salbentherapie" (s. S. 77) übertragen. Dadurch findet eine Zuordnung der Salben statt, und der Patient ist in der Lage, die Erklärungen des Arztes bei Verordnung der Salbentherapie noch einmal für sich nachzuvollziehen. Im Gespräch wird für jeden Teilnehmer erklärt und notiert, wie oft er sich täglich eincremen muß.

Danach erklärt der Trainer das Schichtenmodell des Eincremens. Die Teilnehmer sollen erkennen, daß die Heilsalbe besser in die Haut eindringt, wenn die Haut durch die überfettende Pflegecreme weichgemacht worden ist. Die Technik der kühlenden Umschläge (Schwarztee) als adstringierende Therapie sowie der Okklusivverbände unter Plastikfolie zur Intensiveinwirkung von Salben wird erklärt. Der Trainer beschreibt die Wirkweise der verschiedenen Heilsalben und macht die Teilnehmer mit dem Sinn der verschiedenen Pflegecreme-Fettstufen vertraut. Die wichtigsten Punkte der Eincremetechnik werden nochmals wiederholt. Die Teilnehmer stellen die jeweils falsche oder richtige Technik in Form einer Pantomime vor. Die richtige Technik soll von den anderen erkannt und formuliert werden (s. Arbeitsblatt „Eincremetechnik", S. 78) .

Die Kortisonbehandlung wird in der Regel von den Patienten sehr kritisch gesehen; je älter sie sind und je mehr Folgeerscheinungen (dünne Haut, damit schnelle Hautverletzung bei Reibung, flächenhafte Haarwuchsstörung, frustrierende Rebound-Phänomene) aufgetreten sind, desto ausgeprägter die Abwehr. Der Trainer gibt Handlungsdirektiven und erläutert mit Hilfe des Arbeitsblatts „Kortison-Ausschleichschema" (s. S. 79) die sinnvolle Anwendung und das vorsichtige Ausschleichen der lokalen Kortisontherapie.

Den Teilnehmern wird die Kortisonbehandlung als Therapie für schwere Neurodermitisschübe und unerträglichen Juckreiz nahegebracht (s. Arbeitsblatt „Kortison", S. 80). Gleichzeitig wird über die Gefahren der Therapie gesprochen, wenn Kortison als Langzeitanwendung oder bei fehlender Ausschöpfung anderer Heilmittel und vorbeugender Maßnahmen benutzt wird. Der Trainer gibt den Hinweis, daß eine Kortisonbehandlung nur im engen Gespräch zwischen Arzt und Patient und mit enger Therapieüberwachung durchgeführt werden sollte. Hier wird auf die Erfahrungen eingegangen, die die Teilnehmer mit ihrem Arzt gemacht haben (s. „Unterstützende Übung" der 4. Gruppensitzung). Als Hausaufgabe bittet der Trainer die Teilnehmer, alle Kosmetika (Deo, Rasierwasser, Cremes und dekorative Kosmetikaprodukte) und Pflegemittel, die sie benutzen, mitzubringen.

Unterstützende Übungen
1. Ein Teilnehmer erhält die Instruktion zur Wahrnehmungsübung „Juckreiz im Sport". Diese soll er in der nächsten Sitzung vorlesen oder mit eigenen Worten beschreiben.

Beispiel für Wahrnehmungsübung „Juckreiz im Sport"
Wenn Du ein Handballspiel hast und Deine Haut ist offen und rot, kannst Du ruhig auf das Spielfeld gehen. Vorher deckst Du die Stellen mit einer Schüttelmixtur ab und cremst sie mit einer wenig fettenden Creme ein. Du merkst schon in der Kabine, wie sich Deine Haut beruhigt, wie Dein Juckreiz nachläßt. Deine Mannschaftskameraden haben Dir Mut zugesprochen, sie brauchen Dich jetzt im Spiel. Die Mädels Eures Fanclubs werden Dich beobachten – wie immer. Sie werden Dich mit ihren Anfeuerungen aufmuntern, und sie werden Deine Haut sehen. Deine Haut ist Dir ganz nah, und Du fühlst ihre Verletzung. Sie schützt Dich dennoch, da Du sie mit Deiner Pflege ge-

schützt hast. Du bist im Schutz der Mannschaft, und Dein Mut gibt Dir Kraft. Vertraue auf die Kraft, die bewirkt, daß Deine Haut abheilt.

2. Zwei Teilnehmer sollen ein Interview mit der Ein-cremeschwester zum Thema „Wirkung von Zinksalben und Schüttelmixturen" machen. Ziel ist es, die Teilnehmer für die Anwendung von kortisonfreien Salbenexterna zu sensibilisieren.

3. Der Trainer bereitet mit zwei Teilnehmern ein Arztinterview zum Thema „Kortisonnebenwirkung versus Nebenwirkungen anderer Salbentherapien" vor. (Das Interview wird auf Video aufgezeichnet.)

Name				Gr.

Teeumschläge
Tannosynthbad
Solutio castellani

Heilsalben:	8⁰⁰	14⁰⁰	18¹⁵	Lokalisation
Mischsalbe				
LCD Zinkpaste				
PZM				
PZM / Bepanthen				
Psoriasis ohne LCD				
Psoriasis mit LCD				
Zinköl				
Pflegesalben:				
Alfason Basis				
Basodexan				
Bepanthen Roche				
KKS				
Linola Fett				
Mandelölsalbe				
Neribas				

„Eincremekarte"

Salben

heilend & pflegend

Desinfizierende Stoffe — keimhemmend

Zink — austrocknend bei nässenden Wunden, entzündungshemmend,

juckreizstillend — Harnstoff — wasserbindend

Cortison — entzündungshemmend, Nur im Notfall, bei starker Erkrankung!

Teer — gegen lang dauernde Entzündungen, nur abends, nicht ins Sonnenlicht

Salicylsäure — abschuppend

Gerbstoffe — zusammenziehend, keimhemmend

Ordne die Salben und Cremes Deiner Therapie den Inhaltsstoffen zu! Male die heilenden Salben rot und die pflegenden blau an!

Arbeitsblatt: „Salbentherapie"

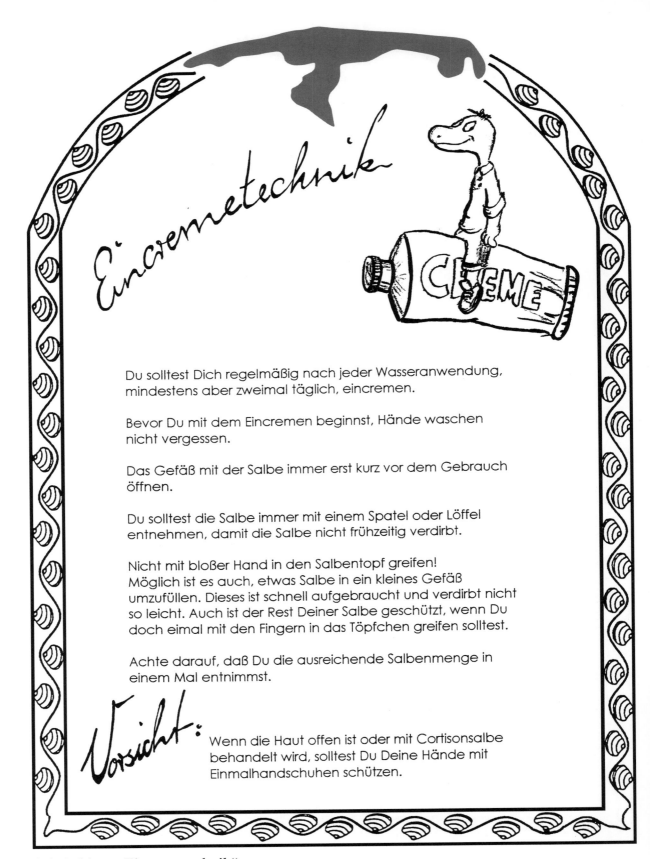

Eincremetechnik

Du solltest Dich regelmäßig nach jeder Wasseranwendung, mindestens aber zweimal täglich, eincremen.

Bevor Du mit dem Eincremen beginnst, Hände waschen nicht vergessen.

Das Gefäß mit der Salbe immer erst kurz vor dem Gebrauch öffnen.

Du solltest die Salbe immer mit einem Spatel oder Löffel entnehmen, damit die Salbe nicht frühzeitig verdirbt.

Nicht mit bloßer Hand in den Salbentopf greifen!
Möglich ist es auch, etwas Salbe in ein kleines Gefäß umzufüllen. Dieses ist schnell aufgebraucht und verdirbt nicht so leicht. Auch ist der Rest Deiner Salbe geschützt, wenn Du doch eimal mit den Fingern in das Töpfchen greifen solltest.

Achte darauf, daß Du die ausreichende Salbenmenge in einem Mal entnimmst.

Vorsicht: Wenn die Haut offen ist oder mit Cortisonsalbe behandelt wird, solltest Du Deine Hände mit Einmalhandschuhen schützen.

Arbeitsblatt: „Eincremetechnik"

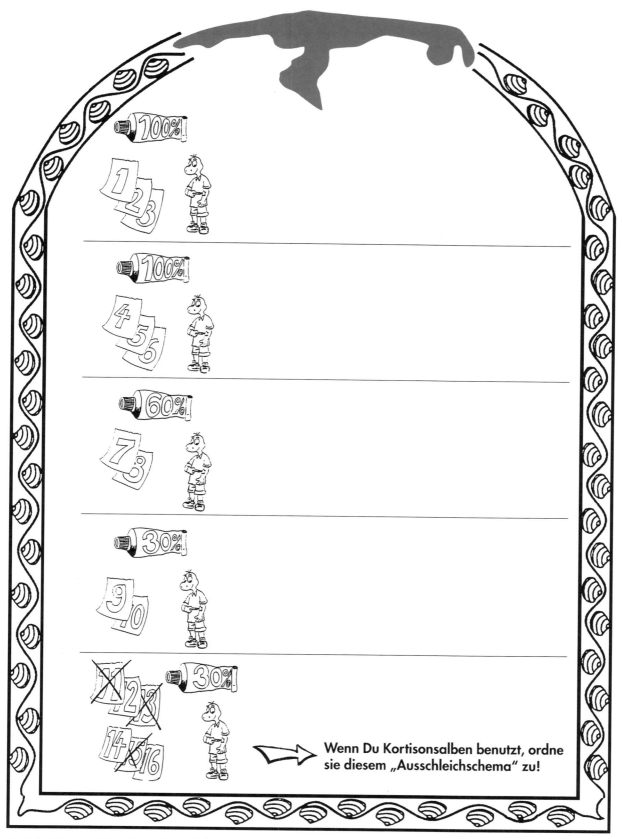

Arbeitsblatt: „Kortison-Ausschleichschema"

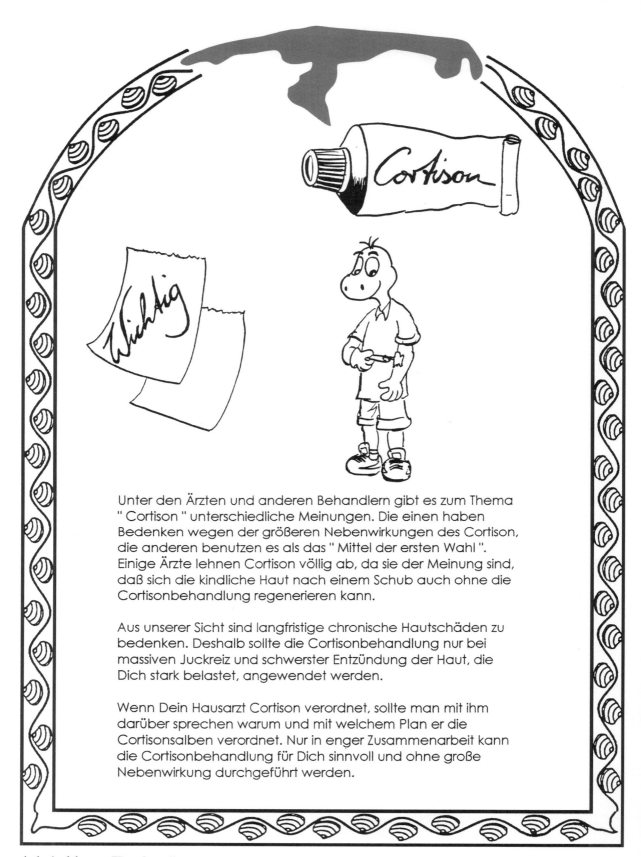

Unter den Ärzten und anderen Behandlern gibt es zum Thema " Cortison " unterschiedliche Meinungen. Die einen haben Bedenken wegen der größeren Nebenwirkungen des Cortison, die anderen benutzen es als das " Mittel der ersten Wahl ". Einige Ärzte lehnen Cortison völlig ab, da sie der Meinung sind, daß sich die kindliche Haut nach einem Schub auch ohne die Cortisonbehandlung regenerieren kann.

Aus unserer Sicht sind langfristige chronische Hautschäden zu bedenken. Deshalb sollte die Cortisonbehandlung nur bei massiven Juckreiz und schwerster Entzündung der Haut, die Dich stark belastet, angewendet werden.

Wenn Dein Hausarzt Cortison verordnet, sollte man mit ihm darüber sprechen warum und mit welchem Plan er die Cortisonsalben verordnet. Nur in enger Zusammenarbeit kann die Cortisonbehandlung für Dich sinnvoll und ohne große Nebenwirkung durchgeführt werden.

Arbeitsblatt: „Kortison"

5.6 Sechste Gruppensitzung: Mittel für die Haut, Körperhygiene und Hautschutz

Materialien

- Exemplarisch hypoallergene Produkte
- Arbeitsschutzmittel
- Körperpflegemittel
- „Fühl mal"-Arbeitsbuch
- Stifte
- Neurodermitis-Paß
- Neurodermitiswochenbogen
- Rote, gelbe und grüne Punkte

Inhalt 1: Entspannung

Der Trainer gibt die Instruktion zur Progressiven Muskelentspannung (s. Übung: „Progressive Muskelentspannung von Schulter, Brust und Bauch"). Statt der Ruhephase kann jetzt die Juckreizwahrnehmungsübung im Sport (s. 5. Gruppensitzung) gelesen werden. Damit soll die Wahrnehmung der eigenen Kompetenz in Streß- und Krisensituationen gestärkt werden.

Inhalt 2: Juckreizwahrnehmung

Anhand des Neurodermitiswochenbogens werden die individuell ausgewählten Ziele besprochen. Aufmunterung des Trainers beim Mißlingen („Willst Du es noch einmal an einer anderen Stelle probieren?", „Dies ist Dir doch schon gut gelungen!") sollen den Teilnehmer unterstützen. Eine etwas stärker betroffene Körperregion soll nun gewählt werden, an der eine der erfolgreich ausprobierten Juckreiz-Stop-Techniken zur Anwendung kommt. Der Trainer verteilt während der Besprechungsrunde Stempel in den folgenden Spalten: Hausaufgabe (Kosmetika mitbringen), Entspannungstraining, Teilnahme und Neurodermitiswochenbogen.

Inhalt 3: Geeignete und ungeeignete Mittel für die Haut

Der Trainer erläutert, daß das Anwenden von Hautpflegemitteln und Kosmetika der Haut unter dem Motto: „Soviel wie nötig, sowenig wie möglich" steht. Die Teilnehmer sollen erfahren, daß sich dieses Prinzip in erster Linie an den Gegebenheiten der Haut orientiert (z. B. am Fett- und Wassergehalt).

Fettlösende Substanzen, wie sie in Seifen vorhanden sind, können das Fett, das eine Schutzfunktion auf der Haut und in der oberen Hautschicht ausübt, herauslösen. Auch wird Wasserverlust in der Haut mit einer verminderten Fettproduktion beantwortet. Der Trainer gibt deshalb Hinweise zur Körperhygiene, die dem übermäßigen Wasserverlust vorbeugen (s. Arbeitsblatt „Behandlung", S. 83). Ob diese mangelnde Wasserbindungsfähigkeit der Haut primär oder sekundär ist, konnte bis heute nicht eindeutig geklärt werden. Deshalb werden den Teilnehmern zur Produktauswahl und zu ihrer Anwendungshäufigkeit Informationen gegeben.

Der Trainer klebt nach dem Ampelprinzip rote Punkte auf:
- Stark parfümierte Deos (Alternative: Deostift)
- Eau de Toilette (Alternative: Eau de Toilette auf die Kleidung statt auf die Haut geben)
- Stark parfümierte Shampoos, Haarfärber und Töner sowie Haargels (Alternative: Weglassen, „Mut zur natürlichen Schönheit")
- Rasierwasser (Vorsicht wegen Zimtaldehyd-Kontaktallergie, da fast alle Rasierwasser Zimtaldehyd enthalten; Alternative: Trockenrasur, anschließend feuchtigkeitsspendende Bodylotion)
- Parfümierte Seifen (Alternative: nicht parfümierte Seifen, z. B. Dove-Produkte, pH 5–6-Syndets)

Rote Punkte stehen für Produkte, die möglichst gar nicht mehr oder nicht direkt auf der Haut benutzt werden sollten.

Gelbe Punkte werden auf folgende Produkte geklebt:
- Dekorative Kosmetika, besonders im Augenbereich (Alternative: hypoallergene Serien, z. B. ROC; auch diese müssen jedoch am Körper, evtl. mit Patchtest, getestet werden)
- Abdeckendes Make-up (Alternative: hypoallergene Se-

rien oder Mischung aus Zink-salbenmixturen mit Akneab-deckcremes)

- Kräuterhaltige Ölbäder (cave: Allergie auf Kräuterpollen; Alternative: medizinische Öl-bäder)

Gelber Punkt bedeutet: Ach-tung, erst mal auf der Haut aus-probieren, bei Zweifel zwei Wochen versuchsweise weglas-sen und gezielt beobachten, wenn es wieder benutzt wird!

Grüne Punkte werden er-laubten Produkten gegeben:

- Die für den jeweiligen Pa-tienten verträglichen Syndets und Shampoos mit pH-Wert 5,5
- Milde Bodylotion, z.B. Ni-vea- und andere Feuchtig-keitscreme
- Deo-Roller mit geringem Parfümgehalt

Die farblich eindeutige Zuord-nung soll den Teilnehmer dafür sensibilisieren, daß seine beson-dere Haut auch besondere Pro-dukte braucht. Widerstände, die sich gerade bei Jugendli-chen auftun, werden bespro-chen. Die Einsicht in die Pro-blematik der großen Angebots-palette wird meist durch die Teilnehmer gefördert, die von ihrer Neurodermitis im Gesicht betroffen sind und in der Regel auf scharfe und austrocknende Produkte mit sofortiger Rötung reagieren. Der Trainer verteilt zu diesem Thema eine Feuch-tigkeitscreme, z.B. Proben aus der Apotheke, und bittet die Teilnehmer, diese auf Verträg-lichkeit zu testen.

Inhalt 4: Körperhygiene und Hautschutz

Austrocknungsgefahr, regelmä-ßige Feuchtigkeitszufuhr nach Wasseranwendung und bei trockener Kälte sowie berufliche Gefährdung werden als Themen angesprochen (s. Arbeitsblatt „Behandlung", S. 83). Auf das Rückfetten nach dem Duschen und Baden wird hingewiesen. Der Zusammenhang von Trockenheit und Juckreiz wird erläutert. Der Einfluß von par-fümierten Seifen auf Auswa-schung von Fetten und der dar-auffolgende Wasserverlust wer-den noch einmal wiederholt (s. Arbeitsblatt „Hinweise zum Baden und Duschen", S. 84, und „Grundregeln zum Bade-verhalten", S. 85).

Bei schulischen oder berufli-chen Gefährdungen, z.B. Kon-takt mit Farben, giftigen Sub-stanzen im Beruf, Schwitzen beim Sport, wird den Teilneh-mern geraten, einen vorbeu-genden Hautschutz, wie „Aqua Non Hermal®" vor der entspre-chenden Tätigkeit zu benutzen. Diese Informationen werden auf das Arbeitsblatt eingetra-gen. Auf weitere Informationen über Kleidung und Sauna wird verwiesen, die im Arbeitsblatt „Tips für den Alltag" (s. S. 86) nachzulesen sind.

Unterstützende Übung
Eine Kleingruppe bekommt die Aufgabe, einen Videofilm zu dem Thema zu drehen: „Meine neue Freundin über-redet mich, Kosmetikpro-dukte in einem Kaufhaus aus-zuprobieren."

Behandlung

- Auslöser meiden
- Kratzalternativen einsetzen
- regelmäßig eincremen, vor allem nach dem Baden und Waschen, bei Kälte und Wind
- Hautreinigung, „ seifenfreie und hautschonende Seifen " benutzen
- Aufenthalt am Meer
- gezielt Entspannung suchen
- bewußt gesund ernähren und Körper fit halten

Arbeitsblatt: „Behandlung"

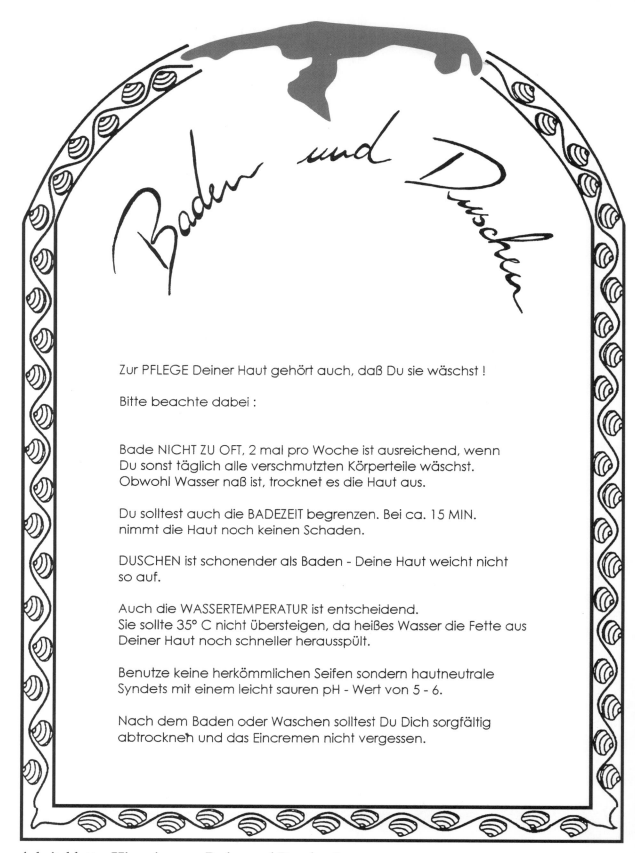

Zur PFLEGE Deiner Haut gehört auch, daß Du sie wäschst !

Bitte beachte dabei :

Bade NICHT ZU OFT, 2 mal pro Woche ist ausreichend, wenn
Du sonst täglich alle verschmutzten Körperteile wäschst.
Obwohl Wasser naß ist, trocknet es die Haut aus.

Du solltest auch die BADEZEIT begrenzen. Bei ca. 15 MIN.
nimmt die Haut noch keinen Schaden.

DUSCHEN ist schonender als Baden - Deine Haut weicht nicht
so auf.

Auch die WASSERTEMPERATUR ist entscheidend.
Sie sollte 35° C nicht übersteigen, da heißes Wasser die Fette aus
Deiner Haut noch schneller herausspült.

Benutze keine herkömmlichen Seifen sondern hautneutrale
Syndets mit einem leicht sauren pH - Wert von 5 - 6.

Nach dem Baden oder Waschen solltest Du Dich sorgfältig
abtrocknen und das Eincremen nicht vergessen.

Arbeitsblatt: „Hinweise zum Baden und Duschen"

Arbeitsblatt: „Grundregeln zum Badeverhalten"

Sauna, hilft Deiner Haut, wieder schwitzen zu lernen. Der Juckreiz, der bei manchen entsteht, ist im allgemeinen nur vorübergehend.

Kleidung, sollte weich und angenehm auf der Haut sein. Baumwollkleidung ist ideal. Die Naturfasern sind glatt, reizen die Haut nicht so sehr und rubbeln sie nicht auf.
In Kunstfasern wird der Schweiß nicht so gut aufgesaugt, es entsteht eine „Schwitzkammer", die wieder Juckreiz verursachen kann.
Besonders zum Sport ist Baumwolle günstiger. Ansonsten alles vorsichtig prüfen.
Die Kleiderschildchen solltest du entfernen, denn oftmals kratzen sie und dort kann ein Ekzem entstehen.
Wolle ist nicht gut, denn sie kratzt.
Neue Kleidung vor dem ersten Tragen einmal auswaschen, da sich oftmals viele Chemiekalien darin verbergen.
Achte auch auf die Waschmittel, die Du für Deine Wäsche benutzt. Verzichte auf Weichspüler, nicht nur der Umwelt zuliebe.

Vorsicht, bei unechtem Schmuck, beim Haarefärben, Haarlack und ähnlichem kann ein Kontaktekzem entstehen.
Bei Kosmetik immer erst einmal an einer kleinen Stelle ausprobieren. Lasse Dich gut beraten!

Arbeitsblatt: „Tips für den Alltag"

5.7 Siebte Gruppensitzung: Alternativer Umgang mit Streß und Bewältigungsstrategien

Materialien

- Neurodermitiswochenbogen
- Neurodermitis-Paß
- „Fühl mal"-Arbeitsbuch
- Stifte
- Kleidung fürs Rollenspiel

Inhalt 1: Entspannung

Der Trainer gibt die Instruktion zur Progressiven Muskelentspannung (s. Übung: „Progressive Muskelentspannung von Schulter, Brust und Bauch"). Eventuell kann die Entspannungsübung wieder ergänzt werden durch die Wahrnehmungsübung zum Thema „Auswirkung von Enttäuschung auf die Haut" (s. Übung).

Übung: Auswirkung von Enttäuschung auf die Haut
Du hast es auf der Haut gespürt, es hat gekribbelt, ganz toll, ganz kalt, ganz heiß. Du hast es genossen. Deine Begegnung mit ihm/ ihr und das Kribbeln auf der Haut haben Dir gutgetan. Deine empfindliche Haut hat Dich das Glück fühlen lassen, und es war supertoll. Fühle auf Deiner Haut, welche Dinge, Gefühle und Gedanken in ihr spürbar sind. Auch jetzt, als er/sie Dich verlassen hat, ließ Deine Haut Dich spüren, wie unglücklich Du bist. Du hast Dich viel gekratzt in der letzten Zeit, und Du leidest Höllenqualen. Das Tal ist tief, aber heute bist Du da durchgewandert, und das Ende der Kratzphase ist für Dich sichtbar. Was kratzt Dich das noch? Deine Gefühle haben Dich müde und traurig gemacht. Deine Haut ist müde und trocken, sie juckt. Nimm ein warmes Ölbad, laß Dich ein wenig hängen, spüre die gemütliche Wärme um Dich herum in der Wanne. Laß das Wasser abperlen an Dir, und schau Dir dieses Bild an. Was kann jetzt noch an Dir abperlen, langsam, stetig und so, daß Du Ruhe hast in Dir?

Inhalt 2: Juckreizwahrnehmung und individuelle Juckreiz-Stop-Technik

Der Trainer schaut reihum die Neurodermitiswochenbogen an und erklärt, daß ab der heutigen Sitzung der ganze Körper zur kratzfreien Zone werden soll. Die Teilnehmer suchen sich wieder ihre Juckreiz-Stop-Technik aus und schreiben sie auf. Der Trainer gibt währenddessen Stempel in den Neurodermitis-Paß für das Entspannungstraining, den Bogen und die Teilnahme am Training.

Inhalt 3: Alternativer Umgang mit Streß und Bewältigungsstrategien

Der Trainer läßt die Teilnehmer auswählen, zu welchem Thema ein Rollenspiel gemacht werden soll, z.B. „Im Schwimmbad", „Juckreizanfall in der Schule" (s. Arbeitsblatt „Beispiel zum Rollenspiel Schule – Juckreiz", S. 89). Andere Themen sind „Bewerbungsgespräch", „Mutter-Tochter-Konflikt: das Schminken vor der Disko". In allen Fällen kommt es für den Neurodermitiker zu einer inneren Anspannung, die er auflösen muß. Mit den Teilnehmern wird vor dem Rollenspiel gesammelt, welche Bewältigungsmöglichkeiten in der Situation realistisch erscheinen:
- Vermeidung
- Teilweise Vermeidung
- Offenes Bekenntnis
- Flüchten
- Freunde einweihen und zu Hilfe holen
- Das Gegenüber mit einbeziehen und Betroffenheit auslösen

Das Rollenspiel wird in zwei Varianten (Vermeidung oder offenes Ansprechen der Gefühle und Schwierigkeiten) gespielt, und im Anschluß wird über das Für und Wider der Bewältigungsstrategien diskutiert (als Beispiel „Übung: Rollenspiel"; weitere Beispiele bei Petermann & Petermann, 1996).

Die positive Herangehensweise und die einzelnen Schritte zu einer solchen Bewältigung werden in der Gruppe gemeinsam herausgearbeitet.

Übung: Rollenspiel

Beispiel für ein Bewerbungsgespräch

Herr Putzmeier: „Guten Morgen, Herr Fischer, nehmen Sie Platz. Sie hatten sich für die Lehrstelle zum Stahlbetonbauer beworben."

Kai Fischer: „Ja, ich habe jetzt meinen Quali-Abschluß gemacht. Hier mein letztes Zeugnis ..."

Herr Putzmeier: „Sie wissen ja, Herr Fischer, wir brauchen Leute, die wir vielseitig einsetzen können. Als mittelgroßes Unternehmen muß ich Leute einstellen, die sich in den verschiedenen Bereichen einer Baustelle nützlich machen. Das heißt, Sie lernen alles von der Pike auf: Mauern, Hochziehen verschiedener Wände, Geräte auf die Baustellen bringen, auch mal Brötchen holen für die älteren Kollegen, höhö ..."

Kai Fischer: „... sehr gern, wenn ich dann auch alles lernen kann, was ich zum Stahlbetonbauer brauche ..."

Herr Putzmeier: „Ich sehe gerade, Sie haben da etwas an den Händen, was ist das denn?"

Kai Fischer: „Ach, das ist nicht weiter schlimm, meine ganze Familie ist allergisch, ich hab's halt an den Händen geerbt."

Herr Putzmeier: „... ach ja, die Allergien, ist ja heutzutage 'ne Modekrankheit. Hauptsache, Sie haben starke Muskeln und einen klaren Kopf zum Denken."

Kai Fischer: „Außerdem habe ich das nur im Sommer ..."

Herr Putzmeier: „Dann zeige ich Ihnen jetzt Ihren Arbeitsbereich ..."

Unterstützende Übungen

1. Der Trainer beauftragt zwei Teilnehmer, die Situation des Rollenspiels, die Anspannung ausgelöst hat, erst im Dialog verbal auf das Videoband zu bringen und direkt im Anschluß dieses Gefühl in Körpersprache als Pantomime umzusetzen und ein Gegenmittel zu finden. Ziel ist die Wahrnehmung von Körpersignalen und die Wahrnehmung der nach außen gespiegelten Gefühle. Als Beispiel gibt der Trainer vor: Juckreizanfall während einer schweren Klassenarbeit. Als Körper- und Gefühlsantwort kommt es zu Schwitzen, Angespanntsein, Sich-hilflos-Fühlen oder Angst vor dem Versagen.

2. Dokumentarfilm über den Tagesablauf eines Eincremers drehen, geeignet für eher kognitiv orientierte Teilnehmer.

3. Die Teilnehmer erhalten als Hausaufgabe, einen Brief an ihre Haut zu schreiben. Ziel ist es, erstens den behutsamen Umgang mit der Haut zu fördern und zweitens eventuell Aggression gegen das kranke Organ und gegen die „Häßlichkeit" aussprechen zu dürfen. Eine Aufarbeitung muß dann im Einzelgespräch erfolgen.

Stelle Dir einmal vor, mitten in der Biologiestunde beginnt Deine Haut schrecklich zu jucken und Du mußt Dich kratzen. Du weißt, daß alle schon genervt sind – aber was sollst Du tun???

Überlege mit Deiner Gruppe, was man in dieser Situation machen kann. Vielleicht hast Du ähnliches erlebt!?

Bitte spielt gemeinsam diese Begebenheit einmal vor! Wie könnte die Geschichte weiter gehen?

Arbeitsblatt: „Beispiel zum Rollenspiel Schule – Juckreiz"

5.8 Achte Gruppensitzung: Juckreizwahrnehmung und Ernährung

Materialien

- Karten mit Abbildungen von Nahrungsmitteln
- Magnettafel
- „Fühl mal"-Arbeitsbuch
- Farbstifte
- Neurodermitiswochenbogen
- Neurodermitis-Paß
- Tabellen zur Kreuzallergie

Inhalt 1: Entspannung

Der Trainer gibt die Instruktion zur Progressiven Muskelentspannung (s. Übung: „Progressive Muskelentspannung von Schulter, Brust und Bauch").

Inhalt 2: Juckreizwahrnehmung und individuelle Juckreiz-Stop-Technik

Der Neurodermitiswochenbogen wird reihum durchgegangen. Hat es geklappt, den ganzen Körper zur kratzfreien Zone zu erklären? In der Regel fällt dies noch schwer, da das Kratzen schon zur Gewohnheit geworden ist. Der Trainer soll hier die Teilnehmer weiter motivieren, indem er ihnen bei Mißerfolgen neue Vorschläge macht, z. B.:

- Kurz vor dem Schlafengehen noch mal die Problemstellen eincremen.
- Kurz vor dem Einschlafen Arme und Schulter an- und entspannen mit der Instruktion: „Meine Haut spürt die angenehme Kühle, die durch das geöffnete Fenster kommt, und der Juckreiz verfliegt."

Der Trainer gibt Stempel für den Bogen, die Teilnahme und das Entspannungstraining.

Inhalt 3: Ernährung

Der Trainer weist auf das Arbeitsblatt „Grundregeln zur gesunden Ernährung" (s. S. 92) als Basisinformation hin. Er fragt die Teilnehmer, ob sie Fragen zu den zehn Regeln der gesunden Ernährung (Deutsche Gesellschaft für Ernährung, 1991) haben. Der Trainer gibt nun einige allgemeingültige Informationen zum Zusammenhang zwischen Nahrungsmitteln und

- Allergien,
- Unverträglichkeiten,
- Kontaktallergie.

Es werden die Kreuzreaktionen von Nahrungsmittelallergenen mit inhalativen Allergenen besprochen:
- Birkenpollenflug verstärkt die Hautreaktionen auf Apfel.
- Kräuterpollenflug verstärkt Reaktionen auf Kräuter und Sellerie, die über die Nahrung aufgenommen werden.
- Haselpollenallergie verstärkt die Reaktion auf den Genuß von Haselnuß und Mandel.
- Bei Schimmelpilzallergie können Nahrungsmittel, die Bäckerhefe enthalten, zu Hautreaktionen führen.

Die Diagnostik von Nahrungsmittelallergien und Fragen zur Unverträglichkeit wurden schon in der vierten Sitzung angesprochen; diese sollen hier im Gespräch noch einmal vertieft werden.

Ziel dieser Sitzung ist es, die Bedeutung von Nahrungsmittelallergien für die Neurodermitis klarzumachen. Sie ist ab dem zehnten Lebensjahr viel geringer, als die Teilnehmer in der Regel annehmen. Die Handhabung von Unverträglichkeiten gegen Nahrungsmittel (die Mengen müssen reduziert werden) gegenüber der Allergie gegen Nahrungsmittel (das Nahrungsmittel muß ganz weggelassen werden) wird erklärt. Hier wird auf die gesunde Lebensführung eingegangen, da Nahrungsmittel bei empfindlicher Haut ebenso behutsam ausgewählt werden sollten wie Cremes und Medikamente.

Für Jüngere wird das Thema durch ein Ratespiel (z. B. Montagsmaler) interessanter gestaltet. Der Trainer gibt einem der Teilnehmer die schriftliche Instruktion: „Male ein Nahrungsmittel, in dem keine Milch (bzw. kein Ei, kein Schweinefleisch) enthalten ist!" Die anderen Teilnehmer sollen raten, was an die Tafel gemalt wird. Eine weitere Instruktion bei diesem Spiel kann sein, Nahrungsmittel, in denen sich versteckt allergisierende Bestandteile befinden, erraten zu lassen (z. B. in jeder Schokolade ist bis zu 5 % Nußextrakt als Geschmacksverstärker enthalten, auch wenn die Schokolade nicht als „Nußschokolade" deklariert ist). Die Teilnehmer werden so für die möglicherweise versteckten Auslöser in Nahrungsmitteln sensibilisiert.

Ein weiteres Vorgehen kann eine „Talkshow" sein, bei der die Teilnehmer Fragen stellen und von „Fachleuten" Antworten zum Thema Ernährung erhalten. Der Trainer spielt den Moderator und kann so Fragen und Antworten lenken. Er verteilt Tischkarten mit Aufschriften wie:

- Frau Hirse-Dinkel, Ernährungsberaterin
- Herr Kratzmann, Betroffener
- Herr Professor Ekzemius, Dermatologe
- Frau Dr. Juckfreudig, Diplom-Psychologin

Der Moderator (Trainer) bittet die Talkrunde, zu folgenden Themen Stellung zu nehmen: „Wie koche ich gesund?", „Wie wird mein Kind ohne Süßigkeiten groß?", „Was muß ich bei Kuhmilchallergie beachten?", „Ist Frischkornbrei eine Neurodermitisdiät?" oder „Welche Belastung bedeutet eine Auslaßdiät für mich?". Die verschiedenen Berufsgruppen der Runde können mit Hilfe des Trainers die Fragen zur Ernährung durchaus kontrovers beantworten. Der Trainer kann die Diskussion mit den „Zuschauern" weiter anregen und so noch weitere Fragen herauslocken, um Unklarheiten zu bereinigen. Die wichtigsten Inhalte der Stunde faßt der Trainer in seiner Funktion als Moderator zusammen.

Mit einem Kartenspiel werden die Prinzipien der gesunden Ernährung nochmals ins Bewußtsein gerückt. Der Trainer breitet ein Set von ca. 30 DIN-A6-Karten aus, die paarweise zugeordnet werden. Auf diesen Karten sind ungünstige und günstige Ernährungsweisen notiert. Die Teilnehmer sollen erkennen, welches Ernährungsverhalten günstig bzw. ungünstig ist. Die Karte mit der ungünstigen Verhaltensweise wird von der entsprechend günstigen Verhaltensweise abgedeckt. Beispiel: „Bloß kein Gemüse essen!" (ungünstig), „Täglich Rohkost ist die Devise!" (günstig). Sind alle Kärtchen übereinandergelegt, werden die günstigen Verhaltensweisen noch einmal vorgelesen, die jetzt offen auf dem Tisch liegen. Erfahrungsgemäß ist das Interesse an diesem Thema groß, so daß meist spontan eine Frage-Antwort-Stunde stattfindet.

Unterstützende Übung

Der Trainer bereitet mit ein bis zwei Teilnehmern ein Interview mit der Diätassistentin zum Thema „Auslaßdiäten ohne Milch und Ei" vor. Die Teilnehmer sollen dabei die Diätassistentin um Rezepte für Kuchen und Gebäck bitten und sie zu alternativen Gerichten befragen. Die Rezepte werden kopiert und an interessierte Teilnehmer verteilt.

Arbeitsblatt: „Grundregeln zur gesunden Ernährung"

5.9 Neunte Gruppensitzung: Risiko- und Schutzfaktoren, entspannende Momente im Alltag

Materialien

- Neurodermitiswochenbogen
- „Fühl mal"-Arbeitsbuch
- Stifte
- Neurodermitis-Paß
- 3 Antijuckboxen
- Utensilien für Antijuckboxen: Töpfchen, SOS-Creme, Pflegecreme, Sonnenmilch, seifenfreie Lotion oder parfümfreie Seife, Kühlpack, Fenistil®-Tropfen, Verbände und Teelöffel
- Rezeptur für Antijuckbox
- Brief und Briefumschlag

Inhalt 1: Entspannung

Der Trainer spricht die Instruktion zur progressiven Muskelentspannung und läßt am Ende einige Minuten Ruhe einkehren. Einer der Teilnehmer hat aus einer Anzahl CDs eine Entspannungsmusik ausgewählt, die für einige Minuten gespielt wird.

Der Trainer beendet die Übung und gibt den Hinweis, daß Musikhören, Musik selbst machen oder Singen als wirksame Ruhemomente zur Entspannung genutzt werden können. Ebenso werden künstlerisches Gestalten, Malen, handwerkliches Arbeiten und alltägliche Momente der Ent-spannung, wie Tee trinken, als Ruhepausen dargestellt (s. Arbeitsblatt „Ruhepausen", S. 95).

Inhalt 2: Juckreizwahrnehmung und Juckreiz-Stop-Technik

Der Neurodermitiswochenbogen wird reihum besprochen. Der Trainer fragt jeden einzelnen, was er als für sich wirksamste Juckreiz-Stop-Methode kennengelernt hat, und bittet darum, diese mit einer Leuchtfarbe auf dem Bogen zu markieren. Ziel ist es, die eigene Kompetenz zu unterstreichen, mit der Juckreiz jetzt bewältigt werden kann. Dennoch muß den Teilnehmern bewußtgemacht werden, daß es nicht immer möglich ist, den Juckreiz mit Willenskraft zu bekämpfen. Es wird vermittelt, daß es sich jedoch immer lohnt, in die Kratzspirale einzugreifen (s. Arbeitsblatt „Kratzspirale", S. 96). Ein wichtiger Aspekt beim Juckreiz besteht in der Wahrnehmung der Frühwarnsymptome, auf die die Teilnehmer erneut hingewiesen werden:

- Kribbeln
- Leichte Rötung
- Brennen
- Unangenehmes, noch undefinierbares Gefühl auf der Haut
- Trockenheit

In den letzten zwei Gruppensitzungen wird es darum gehen, einerseits Juckreiz durch Aufmerksamkeitslenkung und Verstärkung von Entspannungssituationen frühzeitig wahrzu-nehmen, andererseits die bereits erlernten Bewältigungsstrategien sowie „Genußmomente" im Alltag zu unterstützen (s. Arbeitsblatt „Vorstellung zur Entspannung", S. 97).

Inhalt 3: Risiko- und Schutzfaktoren

Anhand des Arbeitsblatts „Individuelle Ruherituale" (s. S. 98) werden Alltagssituationen gesammelt, die zu Hause zum Wohlbefinden beitragen. Die Haut als Spiegel der Seele wird vom Trainer erläutert. Er erklärt, daß sich Wohlbefinden auf die Haut positiv auswirkt. Grundsätzliche Aspekte des Außen- und Innenraumklimas (z. B. Nichtrauchen) sowie der soziale Zusammenhalt unter Freunden und in der Familie werden als stützende Kräfte genannt. Nachdem alle Gedanken gesammelt und notiert sind, wird eine gemeinsame Liste an der Tafel erstellt, auf der jeder Teilnehmer seine selbststärkende Strategie dokumentiert. So wird sie auch für die anderen als Anregung sichtbar.

Der Trainer leitet über zu dem letzten Abschnitt der Schulung: Was schützt mich dauerhaft vor und während schwerer Zeiten bei Neurodermitisschüben? Der Trainer fragt: „Findet Ihr etwas, was Ihr noch nicht genannt habt?" und deutet dabei auf das Plakat bzw. die Arbeitsblätter „Schutzmantel 1, 2" (S. 101–103). Statt einer Frage-runde kann man bei jüngeren Kindern eine Pantomime mit der „Split focus"-Technik (gespaltener Fokus) durchführen: Zwei Kinder sind auf der imaginären Bühne, die anderen raten, was die beiden abwechselnd darstellen. Während der eine spielt, erstarrt der andere in seiner Bewegung, z. B. können Schutzmechanismen leicht dargestellt werden:

- Sonne (sich die Stirn abwischen oder sich sonnen)
- Salben (langsames Einsalben)
- Viel trinken
- Entspannung
- Freunde

Der Trainer kann entgegengesetzte Strategien darstellen (Streß, Streit, Hektik, übermäßig viel Eis essen oder sich zermürbende Gedanken machen).

Die Vermittlung soll in einer optisch interessanten Form gestaltet werden und Teilnehmer, die aufgrund ihrer Schulbildung sprachlich nicht geübt sind, aktiv am Training beteiligen (Bartussek, 1994). Dies ist gerade in der neunten Stunde, wo es um Handlungsstrategien für zu Hause geht, sehr wichtig.

Inhalt 4: Entspannende Momente im Alltag

Bei dieser Einheit verteilt der Trainer drei Boxen, z. B. alte Eisboxen, an jeweils zwei bis drei Teilnehmer. Diese sind mit drei unterschiedlichen Themen beschriftet:

- Antijuckbox für den Juckreizanfall
- Antijuckbox für den Urlaub und die Klassenreise

- Antijuckbox für den Sport im Verein

Dazu stellt der Trainer die Utensilien für die Antijuckboxen (s. v.) in die Mitte des Raumes. Er läßt die Teilnehmer ihre Box packen.

Zur Vertiefung erhalten die Teilnehmer von einer oder allen drei Antijuckboxen eine „Rezeptur", auf welcher der Inhalt für zu Hause vermerkt ist. Beispiel der Box für den Sport:

- Optiderm®-SOS-Creme
- Fenistil®-Tropfen
- Teelöffel (zum Kühlen und für die Tropfen)
- Kompressen und bunte Verbände (für offene Stellen)
- Trinkpäckchen
- Tannosynt®-Lotion

Der Trainer bereitet die Teilnehmer darauf vor, daß die folgende Stunde das Abschiedstreffen der Gesamtgruppe ist. Als Hausaufgabe soll jeder Teilnehmer einen Brief an sich selbst schreiben. Dieser Brief beinhaltet, was man sich für zu Hause vorgenommen hat beispielsweise:

- Ich will meiner Familie vorschlagen, einmal ans Meer in Urlaub zu fahren.
- Ich will mich an einen hilfreichen Gedanken erinnern und ihn mir übers Bett hängen.
- Ich will gucken, ob ich Federbetten habe und wenn ja, mir eine andere Bettdecke wünschen.
- Ich will meinen Arzt um ein Rezept für einen Hausstaubmilben-Matratzen-Überzug bitten.

- Ich will meinen Freunden sagen, daß ich wegen der Neurodermitis so lange zur Reha war, und was Neurodermitis ist.

Unterstützende Übungen

1. Der Trainer gibt für angehende Schulabgänger bekannt, daß sie an einer Berufsberatung des Arbeitsamts teilnehmen können, die in der Klinik regelmäßig stattfindet. Dazu werden dringende Fragen mit den Teilnehmern vorbereitet. Der Trainer motiviert besonders diejenigen, die erfahrungsgemäß problematische Berufswünsche (Friseur, OP-Schwester) haben (s. Arbeitsbl. „Hinweise zur Berufswahl 1, 2", S. 99, 100).
2. Der Trainer verteilt an jeden Teilnehmer eine Karte mit den Fragen:

- In welcher Situation fühlst Du Dich mit Deiner Neurodermitis unsicher?
- Welches Problem mit Deiner Neurodermitis möchtest Du noch gemeinsam mit uns lösen?
- Wann hast du dich mit deiner Neurodermitis allein gelassen gefühlt?
- Zu welchen Themen der Schulung möchtest du weitere praktische Hinweise erhalten?

Die Antwort soll in die letzte Stunde mitgebracht oder einzeln mit dem Trainer oder Arzt besprochen werden!

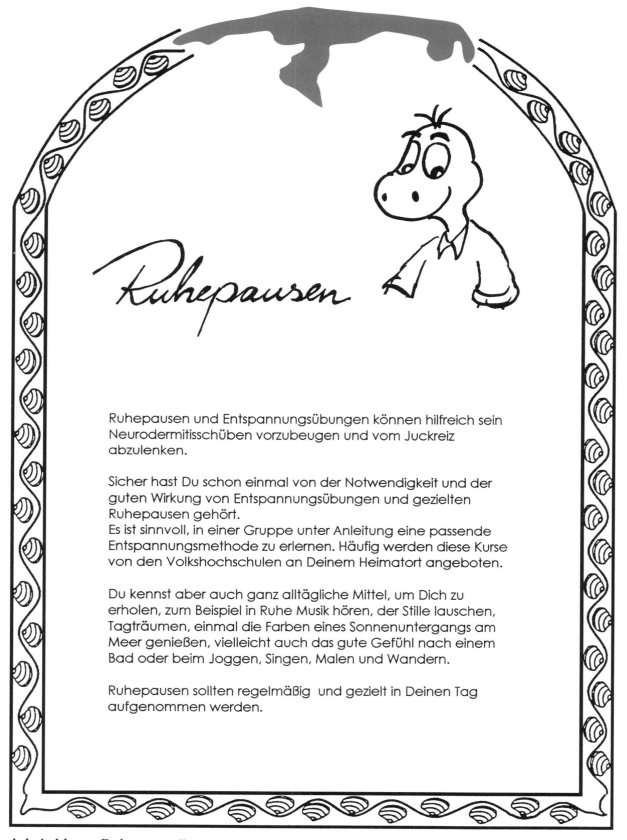

Ruhepausen

Ruhepausen und Entspannungsübungen können hilfreich sein Neurodermitisschüben vorzubeugen und vom Juckreiz abzulenken.

Sicher hast Du schon einmal von der Notwendigkeit und der guten Wirkung von Entspannungsübungen und gezielten Ruhepausen gehört.
Es ist sinnvoll, in einer Gruppe unter Anleitung eine passende Entspannungsmethode zu erlernen. Häufig werden diese Kurse von den Volkshochschulen an Deinem Heimatort angeboten.

Du kennst aber auch ganz alltägliche Mittel, um Dich zu erholen, zum Beispiel in Ruhe Musik hören, der Stille lauschen, Tagträumen, einmal die Farben eines Sonnenuntergangs am Meer genießen, vielleicht auch das gute Gefühl nach einem Bad oder beim Joggen, Singen, Malen und Wandern.

Ruhepausen sollten regelmäßig und gezielt in Deinen Tag aufgenommen werden.

Arbeitsblatt: „Ruhepausen"

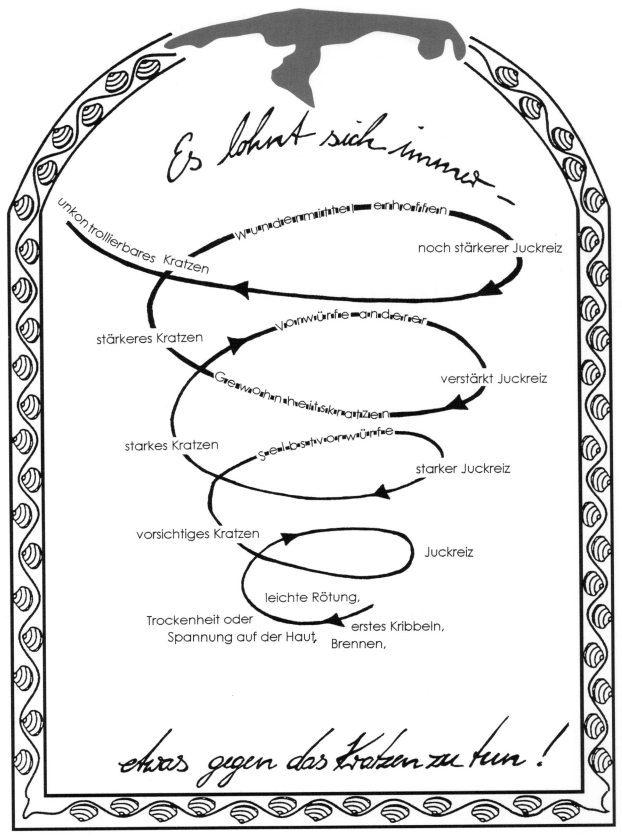

Arbeitsblatt: „Kratzspirale"

Vorstellung zur Entspannung

Bei Juckreiz kann zum Beispiel die Vorstellung von Kühle auf der Haut hilfreich sein.
Stelle Dir einmal vor, angenehme Kühle umgibt Dich.
Du spürst, wie die Kühle langsam in Deinen Körper dringt.
Die Kühle stoppt den Juckreiz und friert ihn langsam ein.
So kann er Dir nichts mehr anhaben.
Ein Gefühl von Ruhe und Zufriedenheit breitet sich in Dir aus!

Wenn Du möchtest, kannst Du Dir auch ein „Kälte Abenteuer" vorstellen.
Du bist zum Beispiel auf einer Expedition zum Südpol.
Um Dich herum weißglitzernder Schnee, leise gedämpft ist Dein Schritt. Du genießt die Ruhe und die Kühle, die Dich umgibt.
In einiger Entfernung kannst Du dem lustigen Treiben der Pinguine zusehen. Nimm Dir etwas Zeit und genieße!
Sage Dir folgenden Satz in Gedanken vor:

Meine Haut ist angenehm kühl und ruhig!

Probiert es einmal aus!

Arbeitsblatt: „Vorstellung zur Entspannung"

Ich fühle mich wohl, wenn...

Schreibe um die Palme herum: „Wie und wobei kannst Du Ruhe erleben?"

Arbeitsblatt: „Individuelle Ruherituale"

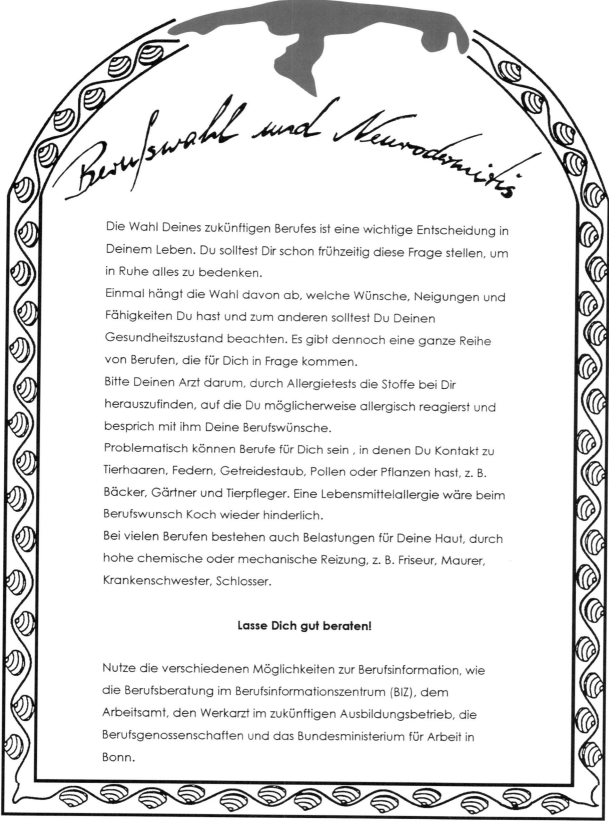

Berufswahl und Neurodermitis

Die Wahl Deines zukünftigen Berufes ist eine wichtige Entscheidung in Deinem Leben. Du solltest Dir schon frühzeitig diese Frage stellen, um in Ruhe alles zu bedenken.

Einmal hängt die Wahl davon ab, welche Wünsche, Neigungen und Fähigkeiten Du hast und zum anderen solltest Du Deinen Gesundheitszustand beachten. Es gibt dennoch eine ganze Reihe von Berufen, die für Dich in Frage kommen.

Bitte Deinen Arzt darum, durch Allergietests die Stoffe bei Dir herauszufinden, auf die Du möglicherweise allergisch reagierst und besprich mit ihm Deine Berufswünsche.

Problematisch können Berufe für Dich sein, in denen Du Kontakt zu Tierhaaren, Federn, Getreidestaub, Pollen oder Pflanzen hast, z. B. Bäcker, Gärtner und Tierpfleger. Eine Lebensmittelallergie wäre beim Berufswunsch Koch wieder hinderlich.

Bei vielen Berufen bestehen auch Belastungen für Deine Haut, durch hohe chemische oder mechanische Reizung, z. B. Friseur, Maurer, Krankenschwester, Schlosser.

Lasse Dich gut beraten!

Nutze die verschiedenen Möglichkeiten zur Berufsinformation, wie die Berufsberatung im Berufsinformationszentrum (BIZ), dem Arbeitsamt, den Werkarzt im zukünftigen Ausbildungsbetrieb, die Berufsgenossenschaften und das Bundesministerium für Arbeit in Bonn.

Arbeitsblatt: „Hinweise zur Berufswahl 1"

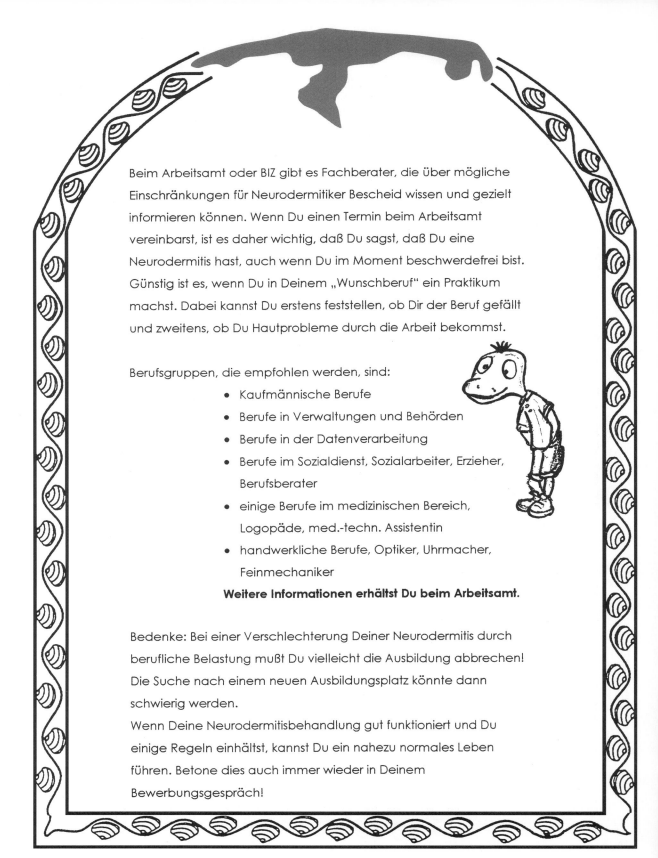

Beim Arbeitsamt oder BIZ gibt es Fachberater, die über mögliche Einschränkungen für Neurodermitiker Bescheid wissen und gezielt informieren können. Wenn Du einen Termin beim Arbeitsamt vereinbarst, ist es daher wichtig, daß Du sagst, daß Du eine Neurodermitis hast, auch wenn Du im Moment beschwerdefrei bist. Günstig ist es, wenn Du in Deinem „Wunschberuf" ein Praktikum machst. Dabei kannst Du erstens feststellen, ob Dir der Beruf gefällt und zweitens, ob Du Hautprobleme durch die Arbeit bekommst.

Berufsgruppen, die empfohlen werden, sind:

- Kaufmännische Berufe
- Berufe in Verwaltungen und Behörden
- Berufe in der Datenverarbeitung
- Berufe im Sozialdienst, Sozialarbeiter, Erzieher, Berufsberater
- einige Berufe im medizinischen Bereich, Logopäde, med.-techn. Assistentin
- handwerkliche Berufe, Optiker, Uhrmacher, Feinmechaniker

Weitere Informationen erhältst Du beim Arbeitsamt.

Bedenke: Bei einer Verschlechterung Deiner Neurodermitis durch berufliche Belastung mußt Du vielleicht die Ausbildung abbrechen! Die Suche nach einem neuen Ausbildungsplatz könnte dann schwierig werden.
Wenn Deine Neurodermitisbehandlung gut funktioniert und Du einige Regeln einhältst, kannst Du ein nahezu normales Leben führen. Betone dies auch immer wieder in Deinem Bewerbungsgespräch!

Arbeitsblatt: „Hinweise zur Berufswahl 2"

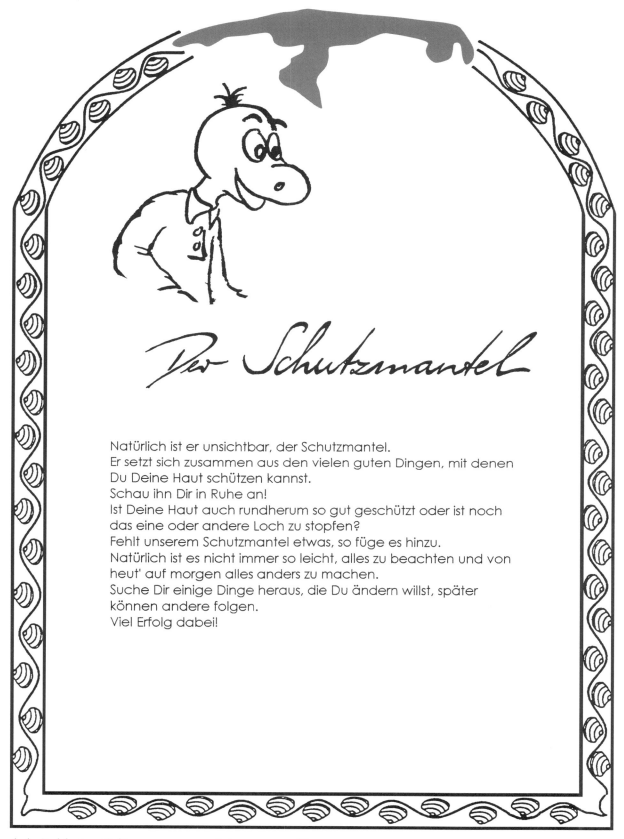

Der Schutzmantel

Natürlich ist er unsichtbar, der Schutzmantel.
Er setzt sich zusammen aus den vielen guten Dingen, mit denen
Du Deine Haut schützen kannst.
Schau ihn Dir in Ruhe an!
Ist Deine Haut auch rundherum so gut geschützt oder ist noch
das eine oder andere Loch zu stopfen?
Fehlt unserem Schutzmantel etwas, so füge es hinzu.
Natürlich ist es nicht immer so leicht, alles zu beachten und von
heut' auf morgen alles anders zu machen.
Suche Dir einige Dinge heraus, die Du ändern willst, später
können andere folgen.
Viel Erfolg dabei!

Arbeitsblatt: „Erläuterung zum Schutzmantel"

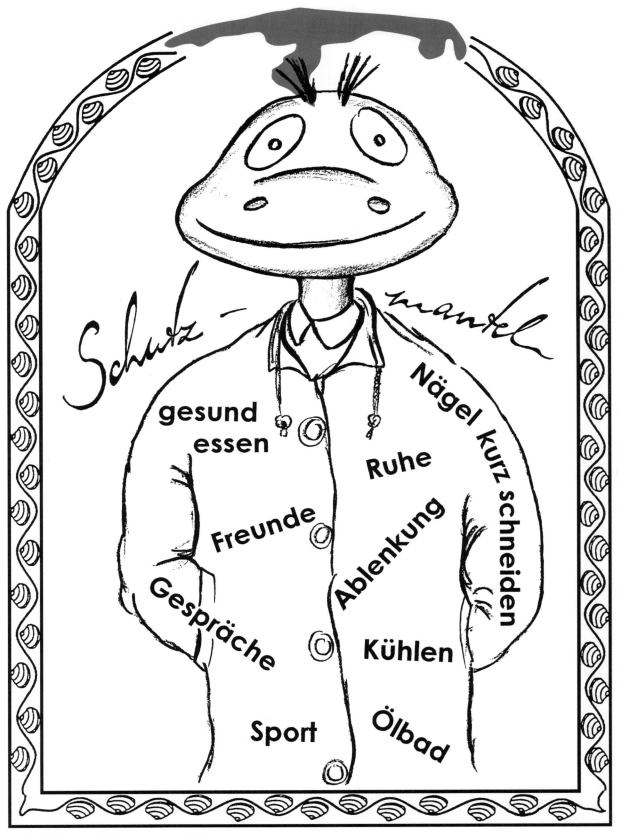

Arbeitsblatt: „Schutzmantel 1"

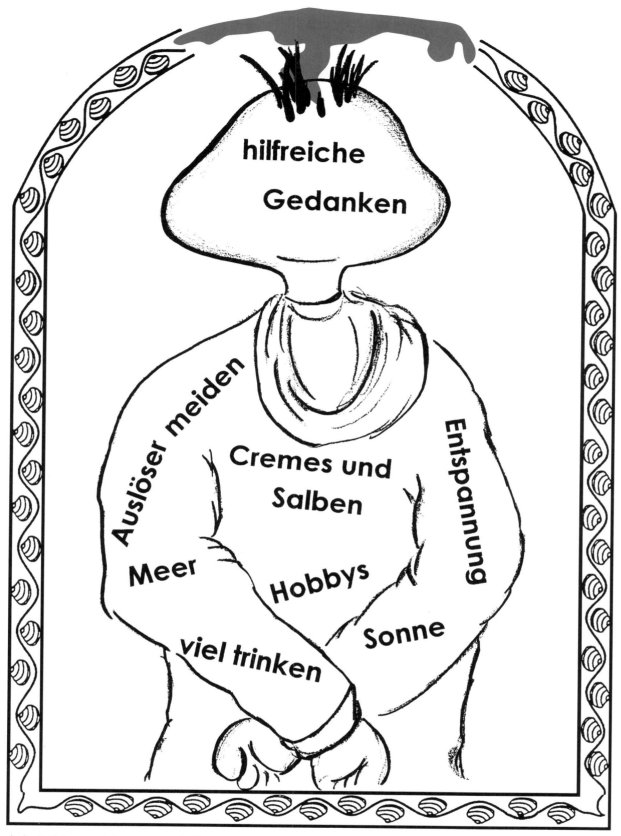

Arbeitsblatt: „Schutzmantel 2"

5.10 Zehnte Gruppensitzung: „Fühl mal"- Auswertung und Verabschiedung

Materialien

- Briefe
- Neurodermitis-Paß
- „Fühl mal"-Arbeitsbuch
- Stifte
- Videofilme und Abspielgerät
- Stempel
- Eincremestein

Inhalt 1: Entspannung

Die Entspannungsübung wird zum Abschluß als eine gemeinsame Übung durchgeführt, um einerseits Entspannung spürbar werden zu lassen, andererseits die Gruppe als stützendes Element in der Vorstellung der Teilnehmer zu festigen.

Übung: Rückenklopfen (nach Müller, 1988)

Die Teilnehmer stehen als Dreiergruppe. Der Mittlere beugt den Oberkörper nach vorne in Torwartstellung mit gesenktem Kopf oder sitzend am Tisch mit auf den verschränkten Armen gelagertem Kopf; die Augen sind geschlossen. Die zwei äußeren Mitspieler klopfen Rücken- und Nackenpartie, werden langsamer oder schneller mit dem Rhythmusklopfen. Sie klopfen synchron (fühlen und wahrnehmen!), leichter oder fester. Nach zwei bis drei Minuten bleiben die Hände auf dem Rücken liegen, der passive Partner wird von den beiden Aktiven aufgerichtet. Erst jetzt öffnet der passive Partner die Augen. Diese Übung ist abgewandelt auch bekannt als „Pizzamassage", bei der verschiedene „Beläge" auf den Rücken gelegt, geklopft und gedrückt werden.

Inhalt 2: Auswertung

Der Trainer bittet die Teilnehmer, ihre Briefe in die mitgebrachten Umschläge zu stecken und diese mit ihren Adressen zu versehen. Die Briefe werden nach zwei Monaten vom Trainer an die Heimatadresse geschickt. Der Trainer sammelt die Karten ein, welche die Teilnehmer aus der neunten unterstützenden Übung mitgebracht und ausgefüllt haben.

Nun werden die Videosequenzen aus den „Unterstützenden Übungen" der Gruppensitzungen 1, 2, 4, 5, 6 und 7 angesehen und dabei in kurzen Pausen die gespielten Szenen entschlüsselt. Der Trainer achtet darauf, ob passende Themen zu den Videosequenzen im Rahmen der Auswertung besprochen werden können. Ziel ist es, die Wahrnehmung zu verbessern und gleichzeitig die Inhalte zu festigen.

Video 1: Juckreizwahrnehmung, Entspannungsübung und Kratzalternativen. Der Trainer unterstützt die Gruppe in dem Gefühl, den Juckreiz von Tag zu Tag mehr durch verschiedene Techniken kontrollieren zu können. Der Trainer sagt beispielsweise: „So geübt, wie Ihr es jetzt seid, habt Ihr viele Trümpfe gegen den Juckreiz in der Hand. Fangt einfach jeden Tag von neuem an, Entspannungsmomente in den Alltag einzubauen."

Video 2: Slapstick zu Juckreiz und Schlaflosigkeit. Dieses Video löst in der Regel Heiterkeit aus. Der Trainer kann die entstandene Gelöstheit in der Gruppe unterstützen: „Ich glaube, Ihr habt jetzt andere Möglichkeiten, Euch bei nächtlichem Juckreiz zu helfen." Der Trainer läßt die Teilnehmer noch einmal kurz verschiedene Bewältigungsstrategien aufzählen.

Video 3: Arzt-Patient-Kontakt. Die Besonderheiten der dargestellten Beziehung werden analysiert und die hilfreichen Verhaltensweisen von Arzt und Patient im Sinne einer erfolgreichen Zusammenarbeit in einer Übersicht an der Tafel gesammelt. In der Spalte „Patient" könnte z. B. stehen:

- Ich muß meinen Arzt über meine tatsächliche Beeinträchtigung durch die Neurodermitis informieren, damit mein Arzt nicht nur die äußerlichen Körpersymptome behandelt.
- Ich signalisiere meinem Arzt deutlich, wenn ich ein Riesenproblem habe, damit er

vielleicht bei einem neu vereinbarten Termin Zeit für mich aufbringen kann.

In der Spalte „Arzt" könnte z. B. stehen:

- Die Sprechstundenhilfe soll mich auch dann korrekt behandeln, wenn meine Mutter nicht mitgekommen ist.
- Mein Arzt sollte sich jedesmal meine Haut genau angucken, denn dafür gehe ich ja zu ihm.
- Diese Hinweise werden auf dem Arbeitsblatt „Beispiel zum Rollenspiel Arztbesuch" vermerkt (s. 4. Sitzung).

Video 4: Arztinterview zum Thema Kortison. Das Video wird mit dem vorhandenen Wissen verglichen. Der Trainer fragt: „Hat der Arzt alles Wichtige gesagt? Habt Ihr Antwort auf Eure Fragen erhalten? Welche Fragen sind noch nicht gestellt worden? Welche möglichen Lösungen hat er genannt? Hat Euch der Arzt überzeugt? Wenn nicht, woran lag das?" Der Trainer stellt diese Fragen reihum, damit sich jeder zu dem „Reizthema Kortison" äußert und Unsicherheiten ausgeräumt werden. Der Trainer sagt: „Der Alltag steht vor der Tür, und jeder Eurer Ärzte hat seine therapeutischen Vorstellungen zum Kortison. Ihr seid nun so fit und könnt mit Eurem Wissen Euren Hausarzt besser verstehen und werdet von ihm als Gesprächspartner jetzt noch ernster genommen, wenn Ihr sachlich und informiert argumentieren könnt."

Der Trainer fragt in die Runde: „Was willst Du mit Deinem Arzt besprechen, wenn Du nach Hause kommst?" Mögliche Antworten:

- „Ich will meinen Arzt fragen, wozu die Salbenmischung gut ist, die er mir verschrieben hat?"
- „Ich frage meinen Arzt nach einem geeigneten Ölbad für mich"

Sie werden vom Trainer verstärkt.
Mögliche negative Herangehensweisen:

- „Ich werde meinem Arzt mal die Meinung sagen, weil er immer nur mit meiner Mutter über meinen Kopf hinweg über mich redet."

Es wird versucht, sie eine passende Form der Kritik umzuändern.

Video 5: Meine neue Freundin überredet mich, Kosmetikprodukte in einem Kaufhaus auszuprobieren. Die von den Teilnehmern ausgewählten Lösungsmöglichkeiten werden analysiert und das Pro und Kontra des Vermeidungs- oder Offenbarungsverhalten angesprochen.

- Vermeidungsverhalten: „Ich versuche, sie zu überreden, lieber mit mir ins Kino zu gehen" oder „Ich lade sie zum Milchshake ins Jugendcafe ein".
- Offenbarungsverhalten: „Ich erkläre ihr, daß ich wegen meiner empfindlichen Haut verschiedene Produkte nicht vertrage und davon der Juck-

reiz stärker wird" oder „Ich erkläre ihr, was die Neurodermitis für mich bedeutet, und warte ab, wie sie reagiert".

Die Variante „Ich mache einfach mit und warte ab, was passiert!" wird auf ihre Tauglichkeit überprüft, wobei meistens aus der Gruppe selbst diese Lösung als unpraktikabel bewertet wird.

Video 6: Körperanspannung. Der Trainer befragt die Teilnehmer „Welche Körpersignale sind dort dargestellt?" und betont noch einmal die Auswirkungen psychischer Belastungen auf den Hautzustand. Das Thema „Angst vor dem Versagen" wird zur Sprache gebracht und die Frage diskutiert, ob die Teilnehmer während des Reha-Aufenthaltes in der Fachklinik genügend Strategien zur Bewältigung erlernt oder vielleicht bei anderen kennengelernt haben.

Video 7: Dokumentarfilm über den Tagesablauf eines Eincremers. Mit diesem Video wird der Ausblick auf den Tagesablauf zu Hause gegeben. Der Trainer fragt reihum, wie es zu Hause mit dem Eincremen organisiert werden kann:

- Wird genügend Zeit für das morgendliche Eincremen eingeplant? – Mindestens zehn Minuten Zeit zusätzlich sind nötig.
- Welche Alternative habe ich, wenn ich verschlafen habe? – Kurz die extrem trockenen Stellen mit fettender Creme überfetten, kleinen Creme-

topf mit zur Schule bzw. zur Ausbildungsstelle nehmen und in der Pause noch einmal nachfetten.

- Wann ist an Wochentagen genügend Zeit für die Hautpflege? – Meistens kann abends vor dem Schlafengehen eine ruhige Phase dafür eingeplant werden.

Der Trainer zieht die Metaplankarten der ersten Stunde heraus, gibt sie gemischt an die Teilnehmer zurück und läßt in einer Blitzlichtrunde Erwartungen an das Training laut vorlesen, mit der Bitte zu sagen, ob diese Erwartungen erfüllt wurden, und wenn ja, wie? Der Trainer weist auf die Arbeitsblätter „Elternbrief" (S. 107), „Merkblatt der Klinik 1, 2, 3", (S. 108–110), „Literatur" (S. 112) und „Kontaktadressen" (S. 111) hin (Stögmann, 1993). Danach werden vom Trainer noch die Neurodermitis-Pässe ausgewertet und mit einem Klinikstempel und Unterschrift versehen.

Symbolisch wird der unterschriebene Paß als Diplom für die aktive und erfolgreiche Teilnahme überreicht. Gleichzeitig erhalten die Teilnehmer den „Sylter Eincremestein", der als Erinnerungsstein auf die Badezimmerablage zu Hause gelegt werden soll.

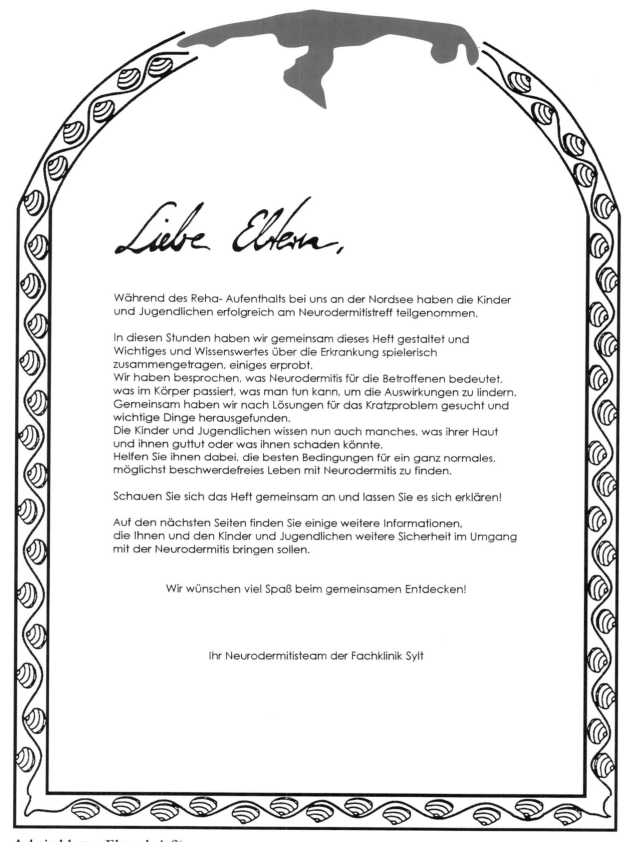

Liebe Eltern,

Während des Reha- Aufenthalts bei uns an der Nordsee haben die Kinder und Jugendlichen erfolgreich am Neurodermitistreff teilgenommen.

In diesen Stunden haben wir gemeinsam dieses Heft gestaltet und Wichtiges und Wissenswertes über die Erkrankung spielerisch zusammengetragen, einiges erprobt.
Wir haben besprochen, was Neurodermitis für die Betroffenen bedeutet, was im Körper passiert, was man tun kann, um die Auswirkungen zu lindern.
Gemeinsam haben wir nach Lösungen für das Kratzproblem gesucht und wichtige Dinge herausgefunden.
Die Kinder und Jugendlichen wissen nun auch manches, was ihrer Haut und ihnen guttut oder was ihnen schaden könnte.
Helfen Sie ihnen dabei, die besten Bedingungen für ein ganz normales, möglichst beschwerdefreies Leben mit Neurodermitis zu finden.

Schauen Sie sich das Heft gemeinsam an und lassen Sie es sich erklären!

Auf den nächsten Seiten finden Sie einige weitere Informationen, die Ihnen und den Kinder und Jugendlichen weitere Sicherheit im Umgang mit der Neurodermitis bringen sollen.

Wir wünschen viel Spaß beim gemeinsamen Entdecken!

Ihr Neurodermitisteam der Fachklinik Sylt

Arbeitsblatt: „Elternbrief"

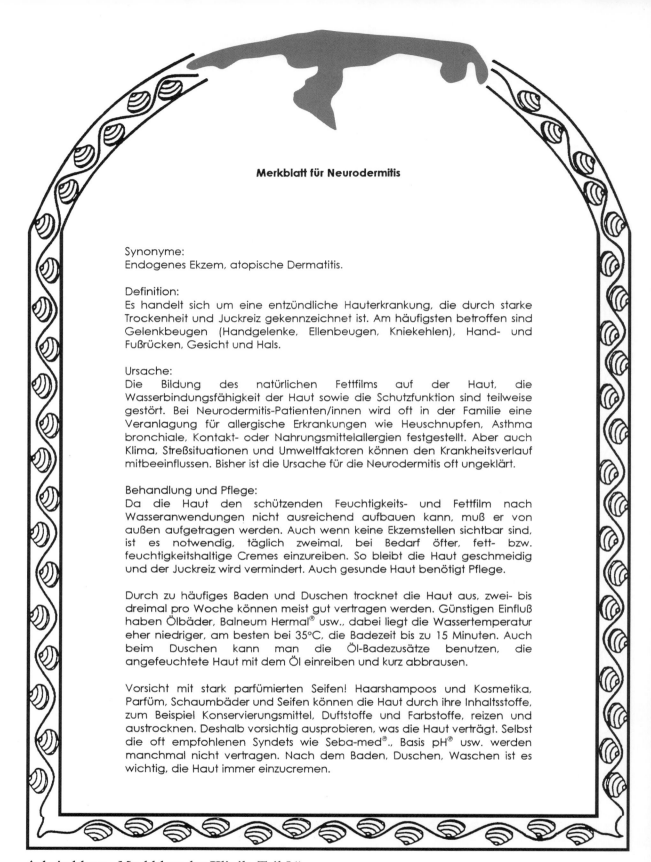

Merkblatt für Neurodermitis

Synonyme:
Endogenes Ekzem, atopische Dermatitis.

Definition:
Es handelt sich um eine entzündliche Hauterkrankung, die durch starke Trockenheit und Juckreiz gekennzeichnet ist. Am häufigsten betroffen sind Gelenkbeugen (Handgelenke, Ellenbeugen, Kniekehlen), Hand- und Fußrücken, Gesicht und Hals.

Ursache:
Die Bildung des natürlichen Fettfilms auf der Haut, die Wasserbindungsfähigkeit der Haut sowie die Schutzfunktion sind teilweise gestört. Bei Neurodermitis-Patienten/innen wird oft in der Familie eine Veranlagung für allergische Erkrankungen wie Heuschnupfen, Asthma bronchiale, Kontakt- oder Nahrungsmittelallergien festgestellt. Aber auch Klima, Streßsituationen und Umweltfaktoren können den Krankheitsverlauf mitbeeinflussen. Bisher ist die Ursache für die Neurodermitis oft ungeklärt.

Behandlung und Pflege:
Da die Haut den schützenden Feuchtigkeits- und Fettfilm nach Wasseranwendungen nicht ausreichend aufbauen kann, muß er von außen aufgetragen werden. Auch wenn keine Ekzemstellen sichtbar sind, ist es notwendig, täglich zweimal, bei Bedarf öfter, fett- bzw. feuchtigkeitshaltige Cremes einzureiben. So bleibt die Haut geschmeidig und der Juckreiz wird vermindert. Auch gesunde Haut benötigt Pflege.

Durch zu häufiges Baden und Duschen trocknet die Haut aus, zwei- bis dreimal pro Woche können meist gut vertragen werden. Günstigen Einfluß haben Ölbäder, Balneum Hermal® usw., dabei liegt die Wassertemperatur eher niedriger, am besten bei 35°C, die Badezeit bis zu 15 Minuten. Auch beim Duschen kann man die Öl-Badezusätze benutzen, die angefeuchtete Haut mit dem Öl einreiben und kurz abbrausen.

Vorsicht mit stark parfümierten Seifen! Haarshampoos und Kosmetika, Parfüm, Schaumbäder und Seifen können die Haut durch ihre Inhaltsstoffe, zum Beispiel Konservierungsmittel, Duftstoffe und Farbstoffe, reizen und austrocknen. Deshalb vorsichtig ausprobieren, was die Haut verträgt. Selbst die oft empfohlenen Syndets wie Seba-med®., Basis pH® usw. werden manchmal nicht vertragen. Nach dem Baden, Duschen, Waschen ist es wichtig, die Haut immer einzucremen.

Arbeitsblatt: „Merkblatt der Klinik, Teil 1"

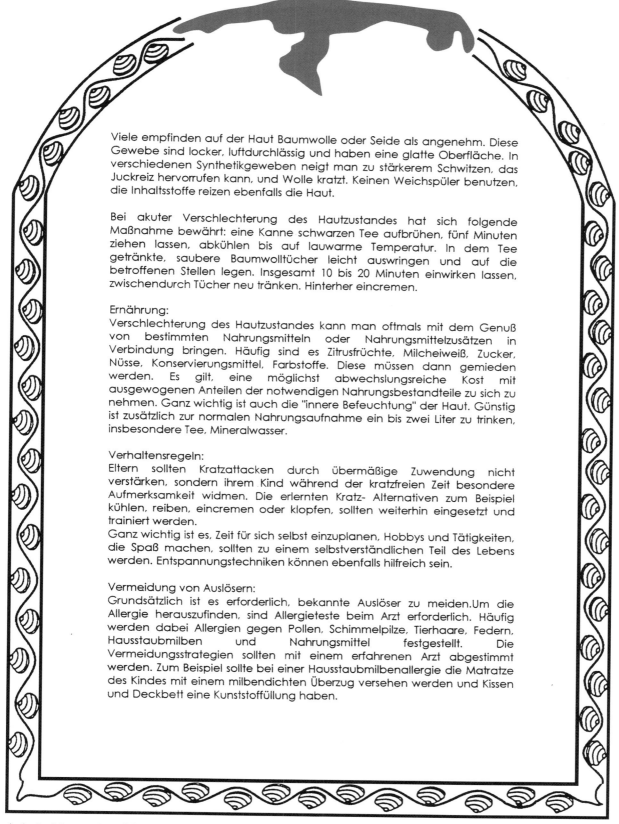

Viele empfinden auf der Haut Baumwolle oder Seide als angenehm. Diese Gewebe sind locker, luftdurchlässig und haben eine glatte Oberfläche. In verschiedenen Synthetikgeweben neigt man zu stärkerem Schwitzen, das Juckreiz hervorrufen kann, und Wolle kratzt. Keinen Weichspüler benutzen, die Inhaltsstoffe reizen ebenfalls die Haut.

Bei akuter Verschlechterung des Hautzustandes hat sich folgende Maßnahme bewährt: eine Kanne schwarzen Tee aufbrühen, fünf Minuten ziehen lassen, abkühlen bis auf lauwarme Temperatur. In dem Tee getränkte, saubere Baumwolltücher leicht auswringen und auf die betroffenen Stellen legen. Insgesamt 10 bis 20 Minuten einwirken lassen, zwischendurch Tücher neu tränken. Hinterher eincremen.

Ernährung:
Verschlechterung des Hautzustandes kann man oftmals mit dem Genuß von bestimmten Nahrungsmitteln oder Nahrungsmittelzusätzen in Verbindung bringen. Häufig sind es Zitrusfrüchte, Milcheiweiß, Zucker, Nüsse, Konservierungsmittel, Farbstoffe. Diese müssen dann gemieden werden. Es gilt, eine möglichst abwechslungsreiche Kost mit ausgewogenen Anteilen der notwendigen Nahrungsbestandteile zu sich zu nehmen. Ganz wichtig ist auch die "innere Befeuchtung" der Haut. Günstig ist zusätzlich zur normalen Nahrungsaufnahme ein bis zwei Liter zu trinken, insbesondere Tee, Mineralwasser.

Verhaltensregeln:
Eltern sollten Kratzattacken durch übermäßige Zuwendung nicht verstärken, sondern ihrem Kind während der kratzfreien Zeit besondere Aufmerksamkeit widmen. Die erlernten Kratz- Alternativen zum Beispiel kühlen, reiben, eincremen oder klopfen, sollten weiterhin eingesetzt und trainiert werden.
Ganz wichtig ist es, Zeit für sich selbst einzuplanen, Hobbys und Tätigkeiten, die Spaß machen, sollten zu einem selbstverständlichen Teil des Lebens werden. Entspannungstechniken können ebenfalls hilfreich sein.

Vermeidung von Auslösern:
Grundsätzlich ist es erforderlich, bekannte Auslöser zu meiden.Um die Allergie herauszufinden, sind Allergieteste beim Arzt erforderlich. Häufig werden dabei Allergien gegen Pollen, Schimmelpilze, Tierhaare, Federn, Hausstaubmilben und Nahrungsmittel festgestellt. Die Vermeidungsstrategien sollten mit einem erfahrenen Arzt abgestimmt werden. Zum Beispiel sollte bei einer Hausstaubmilbenallergie die Matratze des Kindes mit einem milbendichten Überzug versehen werden und Kissen und Deckbett eine Kunststoffüllung haben.

Arbeitsblatt: „Merkblatt der Klinik, Teil 2"

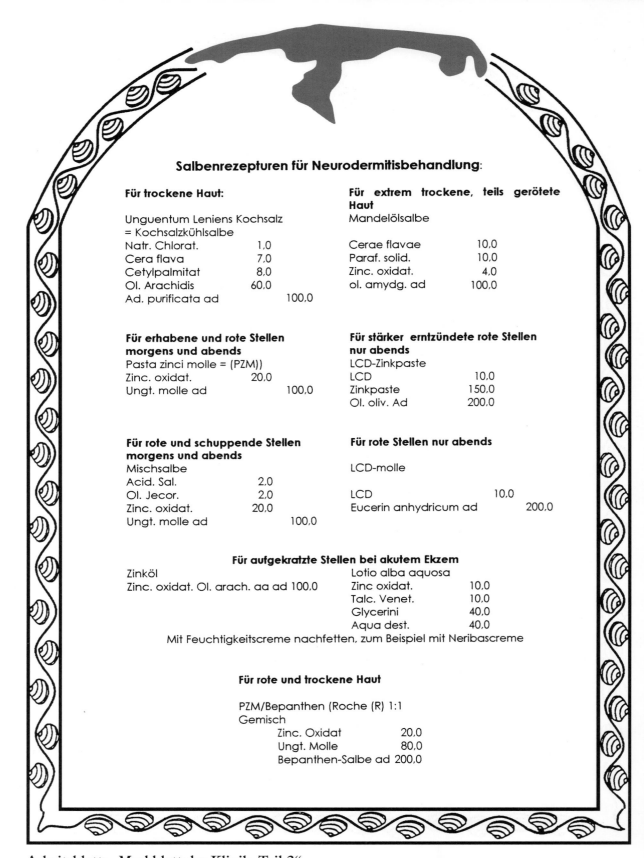

Salbenrezepturen für Neurodermitisbehandlung:

Für trockene Haut:

Unguentum Leniens Kochsalz
= Kochsalzkühlsalbe

Natr. Chlorat.	1,0
Cera flava	7,0
Cetylpalmitat	8,0
Ol. Arachidis	60,0
Ad. purificata ad	100,0

Für extrem trockene, teils gerötete Haut

Mandelölsalbe

Cerae flavae	10,0
Paraf. solid.	10,0
Zinc. oxidat.	4,0
ol. amydg. ad	100,0

Für erhabene und rote Stellen morgens und abends

Pasta zinci molle = (PZM))

Zinc. oxidat.	20,0
Ungt. molle ad	100,0

Für stärker erntzündete rote Stellen nur abends

LCD-Zinkpaste

LCD	10,0
Zinkpaste	150,0
Ol. oliv. Ad	200,0

Für rote und schuppende Stellen morgens und abends

Mischsalbe

Acid. Sal.	2,0
Ol. Jecor.	2,0
Zinc. oxidat.	20,0
Ungt. molle ad	100,0

Für rote Stellen nur abends

LCD-molle

LCD	10,0
Eucerin anhydricum ad	200,0

Für aufgekratzte Stellen bei akutem Ekzem

Zinköl
Zinc. oxidat. Ol. arach. aa ad 100,0

Lotio alba aquosa

Zinc oxidat.	10,0
Talc. Venet.	10,0
Glycerini	40,0
Aqua dest.	40,0

Mit Feuchtigkeitscreme nachfetten, zum Beispiel mit Neribascreme

Für rote und trockene Haut

PZM/Bepanthen (Roche (R) 1:1
Gemisch

Zinc. Oxidat	20,0
Ungt. Molle	80,0
Bepanthen-Salbe ad	200,0

Arbeitsblatt: „Merkblatt der Klinik, Teil 3"

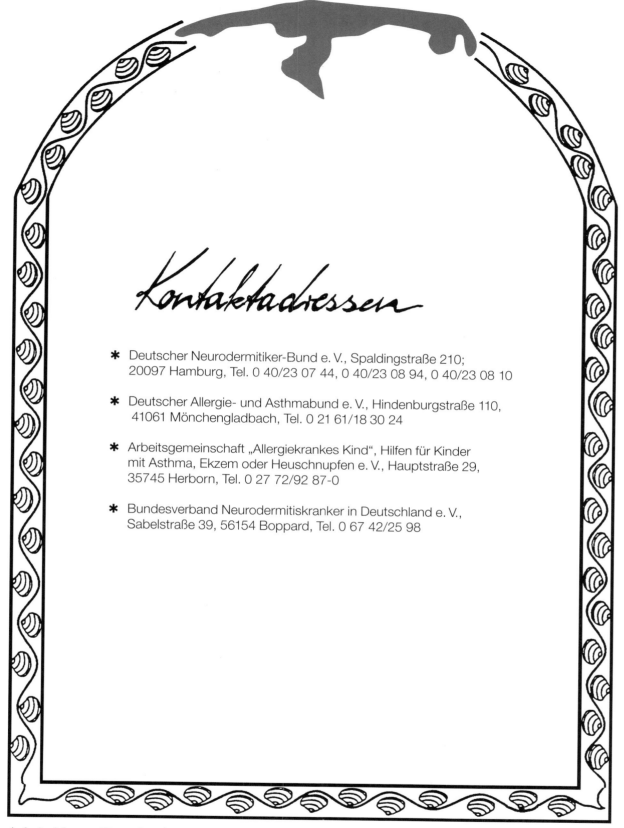

Kontaktadressen

* Deutscher Neurodermitiker-Bund e. V., Spaldingstraße 210; 20097 Hamburg, Tel. 0 40/23 07 44, 0 40/23 08 94, 0 40/23 08 10

* Deutscher Allergie- und Asthmabund e. V., Hindenburgstraße 110, 41061 Mönchengladbach, Tel. 0 21 61/18 30 24

* Arbeitsgemeinschaft „Allergiekrankes Kind", Hilfen für Kinder mit Asthma, Ekzem oder Heuschnupfen e. V., Hauptstraße 29, 35745 Herborn, Tel. 0 27 72/92 87-0

* Bundesverband Neurodermitiskranker in Deutschland e. V., Sabelstraße 39, 56154 Boppard, Tel. 0 67 42/25 98

Arbeitsblatt: „Kontaktadressen"

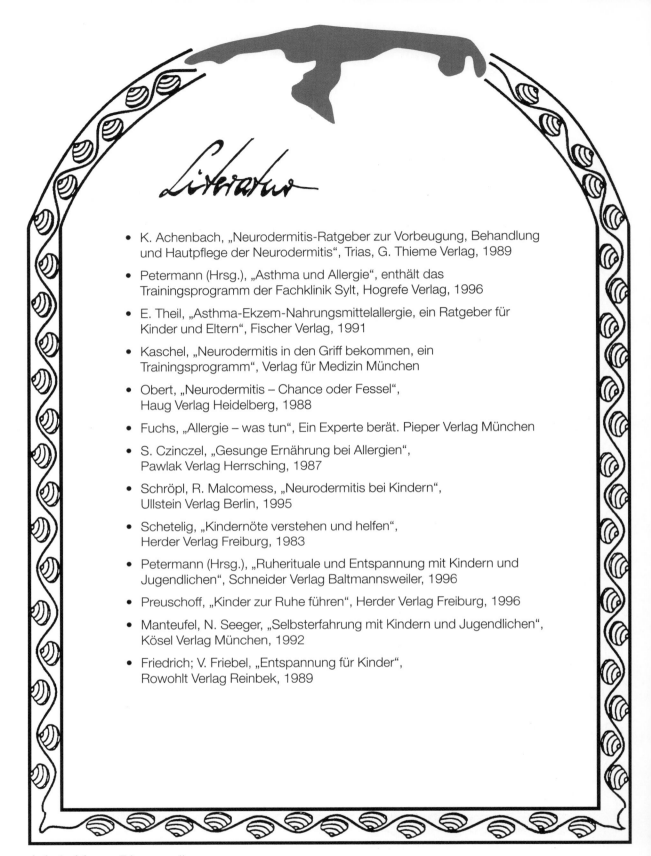

Literatur

- K. Achenbach, „Neurodermitis-Ratgeber zur Vorbeugung, Behandlung und Hautpflege der Neurodermitis", Trias, G. Thieme Verlag, 1989

- Petermann (Hrsg.), „Asthma und Allergie", enthält das Trainingsprogramm der Fachklinik Sylt, Hogrefe Verlag, 1996

- E. Theil, „Asthma-Ekzem-Nahrungsmittelallergie, ein Ratgeber für Kinder und Eltern", Fischer Verlag, 1991

- Kaschel, „Neurodermitis in den Griff bekommen, ein Trainingsprogramm", Verlag für Medizin München

- Obert, „Neurodermitis – Chance oder Fessel", Haug Verlag Heidelberg, 1988

- Fuchs, „Allergie – was tun", Ein Experte berät. Pieper Verlag München

- S. Czinczel, „Gesunde Ernährung bei Allergien", Pawlak Verlag Herrsching, 1987

- Schröpl, R. Malcomess, „Neurodermitis bei Kindern", Ullstein Verlag Berlin, 1995

- Schetelig, „Kindernöte verstehen und helfen", Herder Verlag Freiburg, 1983

- Petermann (Hrsg.), „Ruherituale und Entspannung mit Kindern und Jugendlichen", Schneider Verlag Baltmannsweiler, 1996

- Preuschoff, „Kinder zur Ruhe führen", Herder Verlag Freiburg, 1996

- Manteufel, N. Seeger, „Selbsterfahrung mit Kindern und Jugendlichen", Kösel Verlag München, 1992

- Friedrich; V. Friebel, „Entspannung für Kinder", Rowohlt Verlag Reinbek, 1989

Arbeitsblatt: „Literatur"

6
Grundlagen und Praxis des Verhaltenstrainings für Eltern neurodermitiskranker Kinder

Bei Säuglingen und Kleinkindern stehen Verhaltensweisen zur Unterbrechung des Juckreiz-Kratz-Zirkels im Mittelpunkt. Zur Realisierung bieten sich zwei Vorgehensweisen an: die Schulung von Vorschul- und Grundschulkindern und die ihrer Eltern.

6.1 Organisation der Kinderschulung

Ambulante Schulung

Die ambulante Schulung kann in acht Sitzungen an vier Nachmittagen mit jeweils zwei Stunden durchgeführt werden. Die Kinder werden zu den Themen Juckreizwahrnehmung, Ruherituale und Entspannung, handlungsrelevantes Wissen über Salbenanwendung, gesunde Ernährung, Sonderkostform, Körperhygiene, Auslöservermei-

dung und Streßbewältigung sowie Selbstsicherheit geschult (Tab. 6). Eine andere Zeitstruktur wäre mit zwei Wochenenden möglich, an denen zweimal eine Doppelstunde (vormittags und nachmittags) angeboten wird. Das Programm ist für Kinder von vier bis sieben Jahren als Gruppenschulung mit maximal fünf bis sechs Kindern konzipiert (s. dazu im Detail Scheewe & Clausen, in Vorb.).

Stationäre Schulung

Das im stationären Bereich mit zehn Hauptmodulen und unterstützenden Übungen durchführbare Intensivtraining wurde im vorangegangenen Kapitel dargestellt. Im Rahmen einer vier- bis sechswöchigen stationären Rehabilitation sind die dort beschriebenen Interventionen möglich und sinnvoll, um schon während der Rehabilitation eine Verhaltensveränderung einzuüben. Für den Jugendlichen ist eine stationäre Rehabili-

tation von besonderem Nutzen, da er in der Lebensgemeinschaft mit Gleichaltrigen und Betroffenen von Bewältigungsstrategien anderer profitieren kann. Ein wesentlicher Aspekt der stationären Schulung ist der Zeitfaktor. Jugendliche, die zu Hause mit schulischen Belastungen und Freizeitaktivitäten stark eingebunden sind, fällt es in einer stationären Einrichtung leichter, sich in Ruhe mit der Erkrankung auseinanderzusetzen.

6.2 Organisation der Elternschulung

Frühzeitig besteht bei Eltern von Säuglingen und Kleinkindern mit Neurodermitis die therapeutische Notwendigkeit, krankheitsbezogene Bewältigungsstrategien zu entwickeln. Dies ist besonders wichtig, wenn ein generalisierter Haut-

Tab. 6: Übersicht über den Ablauf des Neurodermitis-Verhaltenstrainings „Pingu Piekfein" für Vorschulkinder.

Sitzungstermine	Inhalte
1. Sitzung	• Kennenlernen • Einführung des Themas • Identifikationsfigur vorstellen • Juckreiz-Stop-Technik Nr. 1 • Spielphase
2. Sitzung	• Musizieren als Einstiegsritual • Juckreiz-Stop-Technik Nr. 1 • Bewußtmachen des Auslösers „Aufregung" • „Alles, was guttut" Nr. 1 • Bewältigung der Erkrankung in der Gemeinschaft • Abschlußritual mit Kurzentspannung
3. Sitzung	• Spielphase als Einstiegsritual • Juckreiz-Stop-Technik Nr. 2 • Salben und Salbentechniken kennenlernen und üben • „Alles, was guttut" Nr. 2 • Abschlußritual mit Kurzentspannung
4. Sitzung	• Spielphase als Einstiegsritual • Juckreiz-Stop-Technik Nr. 2 • Anderssein der Haut wahrnehmen • Vorboten des Juckreizes • „Alles, was guttut" Nr. 2 • Abschlußritual mit Kurzentspannung
5. Sitzung	• Spielphase als Einstiegsritual • Juckreiz-Stop-Technik Nr. 3 • Auslöser meiden • „Alles, was guttut" Nr. 3 • Abschlußritual mit Kurzentspannung
6. Sitzung	• Spielphase als Einstiegsritual • Juckreiz-Stop-Technik Nr. 3 • Selbstsicherheitstraining (z. B. andere hänseln mich) • „Alles, was guttut" Nr. 3 • Abschlußritual mit Kurzentspannung
7. Sitzung	• Spielphase als Einstiegsritual • Juckreiz-Stop-Technik Nr. 4 • Selbstwirksamkeit stärken (ich packe meine Antijuckbox für den Kindergarten, für die Schule) • „Alles, was guttut" Nr. 4 • Abschlußritual mit Kurzentspannung
8. Sitzung (Eltern und Kind)	• Gemeinsames Spiel mit Eltern • Juckreiz-Stop-Quiz • Schutzmantelspiel • Abschlußritual mit Kurzentspannung Eltern/Kind

befall und ständiger oder immer wiederkehrender Juckreiz bestehen. Die vom Hausarzt verordnete Salbentherapie und oft einschneidende diätetische Behandlung verursachen zwangsläufig Streßsituationen, die es tagtäglich zu bewältigen gilt. Darüber hinaus tritt eine Erschöpfung der Eltern durch die nächtlichen Kratzattacken des Kindes ein. Der Arzt in der Praxis kann die unterschiedlichen Belastungen in der Familie zwar zur Kenntnis nehmen, jedoch innerhalb der ärztlichen Visite nur begrenzt Unterstützung bieten. Eine Elternschulung in Gruppen bezieht sich auf folgende Ziele:

- In der Gruppe die Betroffenheit anderer Familien wahrnehmen
- Belastungen bewußtmachen und Bewältigungsstrategien vermitteln
- Handlungsrelevantes Wissen bezüglich Auslöservermeidung, kindgerechter Ernährung bei Sonderkost, Juckreiz-Stop-Techniken vermitteln
- Entspannungstechniken kennenlernen und durch Einüben als hilfreiche Methode der Bewältigung von Streß erleben
- Austausch von Erfahrungen, Kochrezepten, Erziehungsmustern und deren kritische Bewertung
- Erwerben von sozialen Fertigkeiten, z. B. im Gespräch mit dem Arzt, mit anderen Müttern auf dem Spielplatz, im Sportverein, im Kindergarten oder in der Schule

Das Vorgehen findet entweder parallel zur Kinderschulung oder als Gesamtpaket vor der Kinderschulung statt, um so das Verständnis der Eltern für die Inhalte des Kinderprogramms zu fördern. Die Gruppengröße sollte auf maximal zehn Personen beschränkt sein. Das Elternprogramm wird in Ergänzung zum Vorschulprogramm „Pingu Piekfein" durchgeführt (vgl. Tab. 6). Das Elternprogramm ist im Überblick in Tabelle 7 wiedergegeben. Die im folgenden beschriebene Elternschulung kann auch während einer stationären Maßnahme im Rahmen der Elternbegleitung durchgeführt werden.

6.3 Indikationen und Kontraindikationen

Indikationen zur Schulung sind:
- Neu diagnostizierte Neurodermitis
- Schwere Neurodermitisschübe mit nächtlichen Juckreizattacken
- SCORAD (s. Kap. 7) im Schub über 50
- Aufgrund neurodermitisbedingter Schlaflosigkeit drohender Schulabbruch durch Unkonzentriertheit
- Eltern-Kind-Konflikte, die durch die Neurodermitis ausgelöst oder verstärkt werden
- Starker Leidensdruck durch Stigmatisierung in Schule, Beruf und Privatleben

- Schwere Neurodermitisschübe mit Komplikationen und/oder Indikation zur stationären Akutbehandlung

Kontraindikationen sind:
- Gut informierte Eltern mit ausreichender Handlungskompetenz

- Pychiatrische Diagnosen, die im Vordergrund stehen
- Lebensbedrohliche Komplikation durch die Erkrankung an Neurodermitis
- Belastungen, die gegebenenfalls nur durch eine psychische Einzeltherapie bearbeitet werden können

Tab. 7: Übersicht über den Ablauf des Verhaltenstrainings von Eltern neurodermitiskranker Kinder.

Sitzungstermine	Inhalte
1. Sitzung	- Kennenlernen - Sammeln von Themen - Strukturierung der Themenschwerpunkte - Entspannungsübung
2. Sitzung	- Salbengrundlagen - Salbentechnik - Inhaltsstoffe von Heilsalben - Fettstufen - Kortisonbehandlung - Entspannungsübung
3. Sitzung	- Juckreizbewältigung - Teufelskreis Juckreiz – Kratzen - Auslöservermeidung - Entspannungsübung
4. Sitzung	- Ernährungsberatung und Diätetik - Nahrungsmittel-, Kreuzallergien, Unverträglichkeiten - Entspannungsübung
5. Sitzung	- Streßsituationen und Geschwisterkonflikt - Kratzen als Druckmittel - Vom Partner allein gelassen werden - Entspannungsübung
6. Sitzung	- Rollenspiel Arzt, Mutter, kratzendes Kind - Beziehung zu unterschiedlichen Therapeuten - Gesunderhaltung und Ressourcen - Entspannungsübung
7. Sitzung (Eltern und Kind)	- Gemeinsames Spiel mit Eltern - Juckreiz-Stop-Quiz - Schutzmantelspiel - Abschlußritual mit Kurzentspannung Eltern/Kind

115

6.4 Erste Sitzung: Eigene Betroffenheit, aktive Elternbeteiligung, Entspannung

Materialien

- Flip-Chart oder Magnettafel
- Metaplankarten
- Farbstifte
- Magnete
- Interviewkarte zur Neurodermitis

Inhalt 1: Die eigene Betroffenheit

Mit einem Interviewspiel soll den Eltern ihre Lebenssituation im Kontext der Neurodermitis verdeutlicht werden. Dazu geht eine Interviewkarte mit folgenden drei Fragen in der Gruppe herum:
- Wie heißen Sie und Ihr neurodermitiskrankes Kind?
- Wie lange leben Sie und Ihr Kind mit der Neurodermitis?
- Was ist die größte Einschränkung oder Belastung, die Sie wegen der Neurodermitis erleben oder erlebt haben?

Ein Stapel mit DIN-A7-Pappkarten in der Mitte des Tisches oder der Gesprächsrunde sowie Farbstifte ermöglichen, die erlebten Einschränkungen bzw. Belastungen auf eine Karte zu schreiben. Der Trainer sammelt die Karten ein. Nachdem die Runde beendet ist, stellt der Trainer kurz das Programm und sich selbst, ggf. anwesende Kollegen des Teams, vor.

Inhalt 2: Eltern aktiv beteiligen

Der Trainer erklärt, daß er die angesprochenen und notierten Belastungen nach Schwerpunkten an der Tafel sortieren wird, und bittet die Eltern, ihre genannten Punkte unter den folgenden Themen einzuordnen:
- Wissensvermittlung
- Juckreizwahrnehmung
- Juckreizbewältigung
- psychische Einflüsse
- Bedeutung für mein Handeln („Was kann ich tun, wenn ... ?")

Damit sollen auch optisch an der Tafel die voraussichtlichen Schwerpunktthemen deutlich gemacht werden.

Inhalt 3: Entspannung

Der Trainer führt die Eltern in die Grundübungen des Autogenen Trainings oder der Progressiven Muskelentspannung ein (s. Kap. 5). Um Belastungssituationen langfristig besser bewältigen zu können, wird den Eltern klargemacht, wie wichtig kurz abrufbare Entspannungsübungen sind, die man in jeden Tagesablauf einbauen kann. Das Üben am Ende der Sitzung vermittelt den Eltern Ruherituale, die den Alltag strukturieren und damit Streß abbauen helfen. Begonnen wird mit der Ruhe- und Schwereübung des Autogenen Trainings. Alternativ kann die Schulter-Nacken-Übung der Progressiven Muskelentspannung gewählt werden (s. Kap. 5.2).

6.5 Zweite Sitzung: Salbentechnik, Fehler in der Salbenbehandlung und Umgang mit Kortisonsalben

Materialien

- Arbeitsblatt „Salbentherapie" (s. S. 77)
- Arbeitsblatt „Kortison-Ausschleichschema" (s. S. 79)
- Arbeitsblatt „Eincremetechnik" (s. S. 78)
- Auswahl von Salben
- Handschuh
- Löffel
- Fingerlinge
- Spatel
- Salben mit Fettstufen
- Okklusivfolie (Plastikfolie, unter der die Salbe stärker in die Haut einziehen kann)
- Schüttelmixturen

Inhalt 1: Salbentechnik

Der Trainer erklärt den Unterschied zwischen pflegenden und heilenden Salben. Die Teilnehmer markieren mit rotem Stift die Heilstoffe (Zink, Teer, Kortison etc.) auf dem Arbeitsblatt

„Salbentherapie" (s. S. 77). Mit der Farbe Blau werden die Pflegesalben des Kindes notiert und markiert. Der Trainer gibt Hilfestellungen bzw. bietet an, bei Unkenntnis über die Salbennamen oder Inhaltsstoffe, diese in der nächsten Sitzung oder per Telefon zu identifizieren.

Der Trainer erklärt die Wirkweise der Heilstoffe. Zink, Teer und Kortison werden als entzündungshemmende, Teer und Kortison als juckreizstillende Heilstoffe benannt; der Gerbstoff wirkt adstringierend (zusammenziehend). Schüttelmixturen werden als desinfizierend (entzündungshemmend) bezeichnet. Cardiospermum wird wie der Gerbstoff als eine adstringierende pflanzliche Substanz klassifiziert. Harnstoff wird als wasserbindend und feuchtigkeitsspendend eingeordnet. Die Teilnehmer sollen nun in zwei Kleingruppen verschiedene Salben und im Anschluß daran die Schichttherapie ausprobieren. Der Trainer erklärt, daß das Übereinanderschmieren der Salben (Schichttherapie) zu einem besseren Einziehen der Heilstoffe führt. Salbentechnik und Hygiene werden erklärt, und es wird auf die Information des Arbeitsblatt „Eincremetechnik" (s. S. 78) hingewiesen.

Inhalt 2: Fehler in der Salbenbehandlung

Der Trainer erklärt einige Grundregeln der Salbenbehandlung:

- Feucht auf feucht
- Häufigkeit der Salbenbehandlung (als Standard sollte zweimal täglich eine Behandlung erfolgen)
- Auf Unverträglichkeiten in den Salbengrundlagen achten (z. B. Wollwachsalkoholallergie)
- Unterbrechen der Behandlung bei unangenehmer Hautreaktion (z. B. mögliches Brennen bei Harnstoffsalben, vor allem bei Kleinkindern)
- Mit dem Kind gemeinsam die Salben auswählen

Die Teilnehmer sollen vor allem erfahren,
- daß ein Überfetten der Haut bei starker Entzündung zur Verschlimmerung des Zustands führt,
- daß das Eincremen mit Fettcreme nicht in jedem Fall die Feuchtigkeitsverluste ausgleicht und bei einem reinen Feuchtigkeitsverlust Feuchtigkeitslotionen angewandt werden sollten,
- wie Überfettungsreaktionen entstehen und zu erkennen sind.

Hierzu probieren die Teilnehmer verschiedene Fettstufen der Salben an der eigenen Haut aus. Der Trainer gibt weitere Informationen anhand der jetzt von den Teilnehmern gemachten Erfahrungen. So wird z. B. der Zusammenhang zwischen fehlender Wasserbindungsfähigkeit der Haut und der Fettspeicherung in der Hornschicht erklärt.

Inhalt 3: Umgang mit Kortisonsalben

Der Trainer erklärt die Wirkweise des Kortisons als stark antientzündlich, das die Rötung und den Juckreiz aus der Haut nimmt. Das angewandte Konzept mit einem Präparat, das Depots in der Haut bildet und somit lediglich einmal täglich erfolgt, wird als ideal bezeichnet. Auf andere Anwendungsformen wie z. B. zweimal tägliche Salbenbehandlung, Feuchtprinzip oder Okklusivbehandlung wird verwiesen; diese kommen bei besonders schwer betroffenen Patienten zur Anwendung.

In dem Arbeitsblatt „Kortison-Ausschleichschema" (s. S. 79) erlernen die Teilnehmer, wie man mit Kortison mit möglichst wenigen Nebenwirkungen behandeln kann. Die Teilnehmer tragen dort auch die Namen der fünf depotbildenden Präparate ein. Es hat sich bewährt, am Schluß dieses Themenblocks eine Fragerunde zum Thema „Angst vor Kortison" durchzuführen. Sollten keine Fragen oder Kommentare von seiten der Teilnehmer kommen, empfiehlt es sich, auf eine der nächsten Stunden zu verweisen, in der das Thema nochmals angesprochen wird.

Inhalt 4: Entspannung

Die Ruhe- und Schwereübung des Autogenen Trainings wird gemeinsam durchgeführt und anschließend kurz besprochen.

117

6.6 Dritte Sitzung: Realistische Einschätzung von Kortison, Juckreizbewältigung und Vermeiden von Auslösern

Materialien

- Arbeitsblatt „Anti-Juckreiz, Tips und Tricks, Kratzalternativen" (s. S. 69)
- Arbeitsblatt „Auslöserkreis" (s. S. 70)
- Arbeitsblatt der Elternschulung „Kortisoninformation" (s. S. 125)
- Kühlpack
- Beobachtungsprotokoll
- „Schwarzer-Peter-Spiel"

Inhalt 1: Realistische Einschätzung der Kortisonbehandlung

Der Trainer fragt die Teilnehmer, ob sie zum Thema „Salben", insbesondere Kortisonbehandlung, noch offene Fragen haben. Die verordnete Kortisonbehandlung ist häufig für Eltern und Betroffene ein Grund, die ärztliche Behandlung insgesamt in Frage zu stellen, da die Eltern durch die Öffentlichkeit und Presseberichte extrem verunsichert werden und sich zusätzlich zur Belastung durch das Leid des Kindes noch mit Schuldgefühlen befrachten.

Eltern haben häufig das Gefühl, ihrem Kind mit der Kortisonbehandlung eine „potentiell schädliche" Salbe aufzutragen. Dies wiederum erhöht die psychische Belastung von Eltern und Kind und trägt zur Chronifizierung der Erkrankung bei. Um sich dieser Last zu entledigen, verlassen die Eltern oft die Behandlung des Hausarztes. Hier gilt es, in der Elternschulung Vorbehalte gegen schulmedizinische Methoden zu verbalisieren und die Selbstwirksamkeit der Eltern zu unterstützen.

Im Gespräch mit den anderen Teilnehmern können Für und Wider von Kortison und anderen als nebenwirkungsfrei geltenden Therapieprinzipien offen zur Sprache kommen. Die von den Eltern empfundene Hilflosigkeit gegenüber den vielfältigen Therapieangeboten kann ebenfalls thematisiert werden. Die Gesprächsrunde sollte folgende Ziele haben:

- Kortisonbehandlung nicht verteufeln
- Behutsames Umgehen mit der Kortisonbehandlung empfehlen
- Alle anderen kortisonfreien Salben, Heilstoffe und Anwendungsformen ansprechen (vgl. 2. Sitzung)
- Eltern über die Kortisonbehandlung informieren, damit sie dem Arzt als vollwertige Partner gegenübertreten können

Weitere Informationen zu diesem Thema können im Arbeitsblatt der Elternschulung „Kortisoninformation" (s. S. 125) nachgelesen werden.

Inhalt 2: Juckreizbewältigung

Der Trainer erklärt den Juckreiz-Kratz-Zirkel und zeichnet diesen auf die Tafel oder das Flip-Chart. Die Teilnehmer sammeln gemeinsam Faktoren, die zu den drei Hauptpfeilern des Juckreiz-Kratz-Zirkels beitragen. Der Trainer fragt: „Was, meinen Sie, verstärkt den Juckreiz?" Die richtig genannten Faktoren werden nach inneren und äußeren Einflüssen sortiert und auf die Tafel geschrieben.

Weiterhin fragt der Trainer nach Faktoren, die das Kratzen verstärken. Hier soll als Haupttrigger das Kratzen der Haut herausgearbeitet werden. Zum Abschluß wird vom Trainer nachgefragt: „Was verstärkt die erhöhte Empfindlichkeit der Haut?" Die Teilnehmer sollen dabei auf folgende Aspekte aufmerksam gemacht werden: Anwendung von zuviel Wasser, parfümiertes Duschgel, kratzige Pullover etc. Nachdem die Punkte des Juckreiz-Kratz-Zirkels mit verstärkenden Faktoren versehen sind, wird vom Trainer herausgearbeitet, daß die Vorbeugung auf den Pfeilern „Juckreiz" und „empfindliche Haut" liegen muß, da das Kratzen vom Patienten als zunächst angenehm und erleichternd empfunden wird (vgl. Kap. 3). Den Eltern wird anhand der graphischen Darstellung klar,

118

daß der Teufelskreis nur durch die Früherkennung von Auslösern und deren Verhinderung durchbrochen werden kann.

Die Juckreizwahrnehmung spielt deshalb in der Schulung der Kinder eine wesentliche Rolle, und die Eltern werden über das Erkennen der frühen Anzeichen informiert:

- Kribbeln
- Brennen
- Spannung auf der Haut
- Trockenheit
- Beginn einer Rötung

Auf die Trockenheit der Haut können Eltern frühzeitig reagieren. Das Erleben von Hautspannung können die Eltern nur indirekt beeinflussen, indem sie Streßsituationen in der Umgebung des Kindes positiv regulieren helfen. Anhand des Arbeitsblatts „Kratzalternativen" (s. S. 69) werden Juckreiz-Stop-Techniken bewußtgemacht und geübt.

Inhalt 3: Vermeiden von Auslösern

Der Trainer bespricht nun alle Faktoren des Teufelskreises und fragt die Teilnehmer, wie die einzelnen Auslöser zu vermeiden sind. Er verwendet hierzu ein Kartenspiel. In die Mitte des Tisches wird eine Karte mit einem Auslöser gelegt, die Teilnehmer haben mindestens fünf Karten als Fächer in der Hand, auf denen Vermeidungsstrategien genannt sind. Die Teilnehmer liegen auf den Auslöser die entsprechende Vermeidungs-

karte. Aus dem Kreis der „Spieler" wird ein neuer Auslöser auf den Tisch gelegt und von dem Spieler, der die Vermeidungskarte zu dem passenden Auslöser hat, wird die Auslöserkarte zugedeckt. Das Spiel ist so aufgebaut, daß zum Schluß in der Hand eines Teilnehmers nur noch die „Schwarzer-Peter-Karte" zurückbleibt. Beispiel für eine Schwarzer-Peter-Karte: „Bei Juckreiz gebe ich meinem Kind schnell etwas Süßes, damit es ruhiger wird". Das Ziel des Spieles ist es, die Aufmerksamkeit der Teilnehmer für hilfreiche Vermeidungsmöglichkeiten zu schulen. Zurückhaltende Teilnehmer können „animiert" werden, aus sich herauszugeben und Beiträge in die Gruppe mit einzubringen. Anhand der Arbeitsblätter „Auslöserkreis" (s. S. 70) und „Behandlung" (s. S. 83) werden die wichtigsten Punkte vom Trainer wiederholt.

Inhalt 4: Entspannung

Der Trainer gibt die Instruktion zur Ruhe-, Schwere- und Wär-

meübung des Autogenen Trainings bzw. zur Armübung der Progressiven Muskelentspannung. Als Hausaufgabe erhalten die Teilnehmer ein Beobachtungsprotokoll für eine Woche (Abb. 8).

6.7 Vierte Sitzung: Gesunde Kinderernährung, Kreuz- und Nahrungsmittelallergien

Materialien

- Arbeitsblatt „Gesunde Ernährung" (s. S. 92)
- Bücher zum Thema „Kreuz- und Nahrungsmittelallergien"
- Arbeitsblatt der Elternschulung „Nahrungsmittelallergie und -unverträglichkeit" (s. S. 126, 127)
- Arbeitsblatt der Elternschulung „Bücherliste zur Ernährung" (s. S. 128)

Wie oft und wie stark hatte mein Kind heute Juckreiz?	Welche Dinge habe ich heute vorbeugend gegen den Juckreiz unternommen?
☐ nie ☐ selten ☐ mittel ☐ stark	_____
Was habe ich mir heute Gutes getan? _____	Welche Belastungen habe ich beobachtet, die bei meinem Kind heute Juckreiz ausgelöst haben? _____

Abb. 8: Beobachtungsprotokoll für Eltern.

- Kärtchen mit Abbildungen zu geeigneten Zwischenmahlzeiten zum Thema „Rucksack-Snacks"
- Rucksack

Inhalt 1: Grundregeln einer gesunden Kinderernährung

Mit dem Arbeitsblatt „Gesunde Ernährung" (s. S. 92) wird auf wichtige Punkte bei der täglichen Zubereitung und Gestaltung der Mahlzeiten hingewiesen. Die Erfahrungen der Gruppe zum Thema „Rohkost, Frischkost" werden ausgetauscht. Zwei Kochbücher, eines für Kinder und ein allgemeines über Rohkost für Eltern, werden den Teilnehmern zur Ansicht gezeigt:

- Ingrid Gabriel (1983). Rohkost. Wittingen: Falken.
- Renate Feigh und Sigrid von Weikowski-Biedau (1993). Wir Kinder kochen vollwertig. Köln: bund.

Alkohol wird ebenso wie Nikotin als Juckreizauslöser benannt. Auf die Möglichkeit der Einzelberatung wird hingewiesen, da eine Bearbeitung des Suchtthemas im Rahmen der Neurodermitisschulung nicht erfolgen kann.

Inhalt 2: Gesundheitsrisiken bei Sonderkosten

Die Diätassistentin stellt kurz die bei Allergien häufig angewandten Sonderkosten vor (z. B. kuhmilchfrei, eifrei, weizenfrei, reine Rohkosternährung) und gibt Büchertips sowie Hinweise zur weiteren Vertiefung (s. Arbeitsblatt der Elternschulung „Bücherliste zur Ernährung", S. 128). In der Gruppe wird nach weiteren Diätformen gefragt („Welche Erfahrungen haben Sie mit Diäten bei ihrem Kind?"). Jeder Teilnehmer soll sich äußern. Daraus ergibt sich meist die Möglichkeit, Mangeldiäten zu diskutieren und den Eltern bewußtzumachen, welche Substitution von essentiellen Inhaltsstoffen (wie Kalzium und B-Vitaminen) notwendig werden kann. Die Möglichkeit der Behandlung durch eine extreme Eliminationsdiät wird diskutiert und relativiert.

Inhalt 3: Information zu Kreuz- und Nahrungsmittelallergien

Anhand der Tabelle 8 und des Arbeitsblatts der Elternschulung „Information zur Nahrungsmittelallergie und -unverträglichkeit 1, 2" (s. S. 126, 127) wird den Eltern verdeutlicht, daß eine Nahrungsmittelallergie, z. B. gegen Äpfel, sich je nach Jahreszeit bei Abwesenheit des inhalativen Kreuzallergens (z. B. Birkenpollen) verbessern oder in der Blütezeit der Birke verstärken kann. Ebenso kann die Darmschleimhaut (wie auch die Haut) auf die Anwesenheit von Kreuzallergenen (Tab. 8) überempfindlich reagieren.

Den Eltern wird auch der Einfluß psychischer Faktoren (z. B. Streß; vgl. Kap. 3) auf die allergische Reaktion erläutert. Die Diätassistentin geht noch auf den Unterschied zwischen Nahrungsmittel- und Pseudoallergien ein. Sie erläutert auch die Bedeutung von Zusatz- und Konservierungsstoffen sowie Unverträglichkeitsreaktionen auf natürliche Nahrungsbestandteile. Bei weiterem Informa-

Tab. 8: Kreuz- und Nahrungsmittelallergie.

Kreuzallergien	Nahrungsmittelallergien
• Vogelfedern und Exkremente	• Hühnerei, Entenei, Geflügelallergene
• Schimmelpilze	• Bäcker- und Bierhefe
• Baumpollen	• Stein- und Kernobst, Nüsse, Gemüse
• Gras- und Getreidepollen	• Mehl, Getreidekörner, Kleie
• Kräuter- und Blumenpollen	• Kräuter, Gemüse, Gewürze, Pflanzenauszüge
• Birke	• Äpfel
• Haselpollen	• Haselnüsse, Mandeln
• Kräuterpollen	• Sellerie

tionsbedarf wird auf geeignete Sachliteratur hingewiesen.

Inhalt 4: Ernährungsverhalten außerhalb des häuslichen Umfelds

Die Diätassistentin gibt praktische Tips zum Thema „Sonderkost". Anhand eines „Extra-Rucksacks" werden die „Extras" erläutert, die ein Kind für einen Klassenausflug oder eine Unternehmung im Kindergarten benötigt. Geeignete Rucksack-Snacks werden den Eltern anhand von Karten oder leeren Packungen vermittelt. Auf leere Karten werden bewährte Vorschläge aus der Elternrunde notiert und in einen dafür vorhandenen Rucksack gepackt. Den Eltern von Kindern mit Sonderkost sollte die Anforderung an eine Sonderernährung bewußtgemacht werden, um so die Kinder auf den Umgang mit besonderen Nahrungsmitteln vorzubereiten. Anhand von Beispielen wird den Eltern bewußt, daß auch in Ausnahmesituationen (wie bei einem Klassenausflug) auf die besondere Ernährung nicht verzichtet werden kann. Zum Abschluß der Sitzung verteilt die Diätassistentin einige geeignete, kindgerechte Rezepte.

6.8 Fünfte Sitzung: Juckreizbewältigung und Streßsituationen

Materialien

- Arbeitsblatt der Elternschulung „Entspannung für Eltern" (s. S. 129)
- Rollenspielkarten
- Metaplankarten

Inhalt 1: Juckreizbewältigung

Die Eltern sollen geschult werden, wie sie ihrem Kind in der Juckreizsituation helfen können. Der Trainer stellt anhand der Beobachtungsprotokolle aus der dritten Sitzung den Eltern folgende Fragen:

- „Was konnten Sie in den letzten zwei Wochen vorbeugend gegen Juckreiz tun?"
- „Was haben Sie an Belastungen bei Ihrem Kind beobachtet, die den Juckreiz verstärkt haben?"
- „Was haben Sie sich in den letzten zwei Wochen Gutes getan?"

Bei der Auswertung des Wochenprotokolls wird wie folgt verfahren: Alle von den Eltern im Protokoll vermerkten Dinge werden an die Tafel bzw. Wandzeitung geschrieben. Die positiven Erfahrungen werden besonders vom Trainer hervorgehoben. Positive Erfahrungen stärken die Überzeugung der Eltern, auch zukünftige neuro-

dermitisbedingte Belastungen bewältigen zu können. Negative Erfahrungen werden diskutiert, mögliche Ursachen vermittelt und positive Alternativen aufgezeigt. Der Trainer kommentiert die Bewältigungsstrategien der Eltern, hinterfragt und bestätigt die Erfahrungen der Eltern. Hierbei sollen sich die Teilnehmer austauschen.

Die Eltern können Probleme des Kindes ansprechen. Dabei treten Hinweise auf innerfamiliäre Interaktionsmuster häufig zutage und ermöglichen ein vertiefendes Einzelgespräch mit dem betreuenden Arzt oder Psychologen.

Inhalt 2: Streßsituationen

Der Trainer verteilt drei Rollenspielkarten. Die Rollenspiele können sich entweder auf die von den Eltern genannten Belastungen beziehen, oder es werden häufig erlebte Konfliktsituationen gespielt. Beispiele sind:

- Ein gesundes Geschwisterkind beneidet das neurodermitiskranke Kind aufgrund der intensiveren Zuwendung und Betreuung durch die Eltern.
- Ein Familienmitglied schenkt einem Neurodermitis-Kind Zuwendung, indem Süßigkeiten gegeben werden, die eine allergische Reaktion hervorrufen.
- Die Betreuung des neurodermitiskranken Kindes führt zu Ehekonflikten (Ehepartner fühlt sich vernachlässigt).

Der Trainer bittet die Eltern, (in kleinen Gruppen) die Szenen im Rollenspiel durchzuspielen. Dabei sollen alle Teilnehmer eine der gegebenen Rollen übernehmen und auf einem Kärtchen notieren, welche Gefühle und Gedanken sie im Spiel erlebt haben. Nach einer Sammel- und Spielphase, in der der Trainer die Kleingruppen abwechselnd berät, wird das Rollenspiel ausgewertet. Die von den Teilnehmern als besonders hilfreich bewerteten Strategien werden vom Trainer hervorgehoben und bestärkt.

Inhalt 3: Entspannung

Die Ruhe-, Schwere- und Wärmeübungen des Autogenen Trainings werden geübt; alternativ werden ausgewählte Übungen zur Progressiven Muskelentspannung durchgeführt (vgl. „Übung: Progressive Muskelentspannung von Schulter, Brust und Bauch", Kap. 5.2).

6.9 Sechste Sitzung: Arztgespräch, offene Fragen und eigenes Wohlergehen

Materialien

- Arbeitsblatt „Beispiel zum Rollenspiel Arztbesuch" (s. S. 72)

- Arbeitsblatt: „Hinweise zum Baden und Duschen" (s. S. 84)
- Arbeitsblatt „Tips für den Alltag" (s. S. 86)
- Proben von alkalifreien Produkten
- Parfümfreie Seifen
- Dekorative Kosmetika
- Interviewkarten

Inhalt 1: Arztgespräch

Der Trainer bittet alle Teilnehmer darum, erst eine negative, dann eine positive Begebenheit im Kontakt mit Therapeuten (Arzt, Psychologe, Heilpraktiker) zu schildern. Der Trainer greift sich eine Situation heraus, die sich für die Gruppe als passend erweist und spielt den betroffenen Elternteil, während der Teilnehmer, von dem die Begebenheit stammt, den Therapeuten spielt. Außerhalb der Gruppe (in einem anderen Raum) wird vorbereitet, wie die Situation gespielt werden soll. Die Teilnehmer im Raum werden gebeten, sich in der Zwischenzeit zu überlegen, was sie in der letzten Sitzung, die gemeinsam mit den Kindern stattfindet, mit den Kindern spielen wollen. Die Beschäftigung mit dem Kind außerhalb der Thematik „Kratzen-Juckreiz" soll damit auch in der letzten Trainingseinheit erlebt werden.

Der Trainer, der mit dem Teilnehmer außerhalb des Gruppenraums das Rollenspiel vorbereitet hat, bittet die im Raum gebliebenen Teilnehmer beim Rollenspiel auf typische, selbst

gesammelte Erfahrungen zu achten (z. B. Erleichterung, Zeitdruck, Nervosität, Hilflosigkeit, Angst und Vermeidungsverhalten).

Die Einschätzungen der Teilnehmer werden gesammelt und ausgewertet. Die Eltern werden auf Kommunikationsprobleme im Arztkontakt aufmerksam gemacht, und anhand einer erstellten Liste (Wandzeitung, Tafel) erfolgen Tips für die positive Gestaltung des Arzt-Patienten-Kontaktes (vgl. Petermann, 1996). Diese Liste kann beinhalten:

- Im Wartezimmer mit dem Kind spielen oder etwas lesen, damit das Kind in der Gesprächssituation mit dem Arzt die Aufmerksamkeit des Elternteils nicht auf sich konzentriert.
- Dem Arzt offen mitteilen, was zur Zeit schwierig in der Behandlung ist.
- Bei weiterem Informationsbedarf den Arzt um ein weiteres Gespräch mit etwas mehr Zeit bitten.
- Den Arzt um schriftliche Informationsblätter bitten.
- Nicht jede Therapie, ohne Erfahrungen damit gesammelt zu haben, ablehnen.

Diese Punkte notieren sich die Teilnehmer auf dem Arbeitsblatt „Beispiel zum Rollenspiel Arztbesuch" (s. S. 72).

Inhalt 2: Offene Fragen

Der Trainer gibt zur Bewältigung des Juckreizes noch einige

Informationen anhand des Arbeitsblatts „Hinweise zum Baden und Duschen" (s. S. 84). Zum Schutz des Säureschutzmantels werden alkalifreie Produkte gezeigt und als Möglichkeit der Prävention dargestellt. Auch bei diesen Produkten wirkt der Anteil der fettlösenden Substanzen (z. B. Natriumlaurethsulfat) austrocknend, so daß auch bei alkalifreien Seifen ein Trockenheitsgefühl auftreten kann.

Der Trainer gibt Empfehlungen, wie man sich vor trockener Haut schützen kann:

- Regelmäßig täglich eineinhalb bis zwei Liter Flüssigkeit trinken
- Alkalifreie Waschprodukte oder unparfümierte Seifen benutzen
- Vorsicht vor Duschgels und farbigen Shampoos aus der Fernsehwerbung
- „Dermatologisch getestet" bedeutet bezüglich der Neurodermitis keinen Schutz, da alle Hautprodukte dermatologisch getestet werden müssen
- Nach jeder Wasseranwendung Feuchtigkeitslotion benutzen; gut und preiswert sind Nivea- oder bébé-Lotion
- Kosmetika sparsam benutzen wegen der häufigen Kobalt- und Thiomersalkontaktallergien; geeignete, dekorative Kosmetika sind in Apotheken erhältlich

Weitere Informationen zu diesem Thema gibt das Arbeitsblatt „Tips für den Alltag", S. 86.

Inhalt 3: Eigenes Wohlergehen

In diesem Abschnitt sollen positive Aspekte im Erleben der Eltern herausgearbeitet werden. Je zwei Teilnehmer sollen sich gegenseitig interviewen. Folgende Fragen sollen erörtert werden:

- Welche Entspannung leiste ich mir jeden Tag?
- Was tue ich für meine Familie bzw. meine Freunde, damit es ihnen gutgeht?
- Was tun andere für mich, damit es mir gutgeht?
- Welche Art von Entspannung und Ruhe ist für mich erstrebenswert?

Die Teilnehmer tragen die Antworten des interviewten Partners vor. Der Trainer sammelt an der Tafel unter dem Thema „Gute Ideen zum Wohlfühlen" die von den Eltern genannten Strategien. Strategien, die das Wohlbefinden sowohl des Kindes wie auch der Eltern fördern, werden besonders hervorgehoben.

Der Trainer überträgt eine der geeigneten Strategien in eine kurze Entspannungsübung als Ruhebild. Das folgende Beispiel illustriert die Vorgehensweise: Von den Eltern wird genannt, daß sie sich beim Waldspaziergang mit dem Hund entspannen. Der Trainer gibt folgende Instruktionen: „Setzen Sie sich bequem hin, schließen Sie die Augen, legen Sie – wie beim Autogenen Training – die Hände auf die Beine, atmen Sie erst wenig, dann etwas mehr; dann tief ein, hal-

ten Sie die Luft für zwei Sekunden an, lassen Sie die Luft jetzt langsam ausfließen, und sehen Sie sich dabei in Gedanken Ihren Lieblingsweg mit Ihrem Hund an. Wiederholen Sie die Übung zwei- bis dreimal, öffnen Sie die Augen."

Sinn der Übung ist es, die eigenen Entspannungsmomente im Alltag zu stärken und den Eltern bewußtzumachen, daß sie sich mit neuer Kraft und klaren Gedanken ihrem Kind leichter widmen können. Der Trainer gibt den Ausblick auf die siebte Trainingssitzung. Die Eltern teilen mit, welches Spiel sie gemeinsam geplant haben, und werden gebeten, dieses vorzubereiten.

6.10 Siebte Sitzung: Eltern und Kinder

Materialien

- Knautschbälle
- Karten mit Juckreiz-Stop-Techniken
- Plaketten mit positiven und negativen Einflußfaktoren
- Bademantel
- Instrumente
- Abschiedsplaketten

Inhalt 1: Wissen zu Kratzkontrollstrategien

Abwechselnd macht ein Kind und ein Elternteil pantomimisch eine Juckreiz-Stop-Technik vor. Die Eltern raten die der Kinder, die Kinder raten die der Eltern. Für jede erratene Pantomime gibt es einen Knautschball, der den Kindern im Training auch als Juckreiz-Stop-Technik empfohlen wurde. Die Knautschbälle werden in einem Sammeleimer der jeweiligen Spielgruppe gelegt. Die Gruppe, die gewinnt, erhält die Bälle. Der Trainer hat dazu mindestens so viele Juckreiz-Stop-Techniken auf Kärtchen vorbereitet, wie es Familien im Training gibt, damit zum Schluß in jeder Familie der „Antijuck-Knautschball" ist.

Inhalt 2: Positive Interaktionen

Das gemeinsam vorbereitete Spiel der Eltern, beispielsweise ein Lauf- oder Verwandlungs-spiel, wird mit allen Teilnehmern gespielt.

Inhalt 3: Einflußfaktoren

Das Schutzmantelspiel wurde von den Kindern in der Trainingseinheit „Alles, was gut tut" gespielt. Die Kinder fordern jetzt die Eltern auf, die Plaketten mit den „schützenden Dingen" wie Cremen, Kühlen, mit Freunden spielen etc. an den Schutzmantel zu befestigen. Ein Kind trägt den Schutzmantel (z. B. einen Bademantel), woran die Kärtchen befestigt werden. Einige falsche „Schutzmaßnahmen", die sich unter den Plaketten befinden, sollen von den Eltern herausgefunden werden (z. B. „zum Frühstück Coca Cola", „täglich zwei Tafeln Schokolade", „zwei Stunden Baden", „Streit").

Inhalt 4: Gemeinsame Entspannung

Zum Abschluß spielen die Eltern (nicht die Kinder) die Pinguine der Pingu-Piekfein-Geschichte, die eine Rahmengeschichte des Schulungsprogramms für Kinder bildet. Die Kinder klopfen im Gehrhythmus die Klang- und Schlaginstrumente, die Eltern gehen um die Kinder herum, bis das Tamburin alle Kinder zum Schlafen „klopft". Alle setzen sich für zwei Minuten hin und spielen schlafende Pinguine. Sie halten den Kopf zwischen den Armen auf die Knie gelegt, die Augen sind geschlossen. So erlernen die Eltern die Entspannungsübung ihrer Kinder. Der Trainer überreicht den Kindern die Abschiedsplakette mit den Pinguinen und bedankt sich bei allen Teilnehmern.

Cortison

Cortison ist ein Hormon und wird in kleinen Mengen im Körper selbst hergestellt.

Cortisonsalbe oder -creme ist die stärkste entzündungshemmende äußerliche Behandlungsmöglichkeit. Man verwendet Cortison bei massivem Juckreiz, akuter und chronischer Hautentzündung .Zu den wichtigsten Nebenwirkungen gehören:

* Verdünnung der Haut, Verletzung schon durch leichtes Kratzen der Haut
* Verfärbung oder Entfärbung der Haut
* Äderchenbildung in der oberflächlichen Hautschicht
* Haarwuchsstörungen
* Mundwinkelentzündungen
* erhöhte Anfälligkeit der Haut für bakterielle und virale Entzündungen

Erfolgt eine Cortisonbehandlung, so sind einige Regeln zu beachten, um langfristig Nebenwirkungen zu vermeiden.

Regeln:
* kurz und intensiv anwenden, 1-2x täglich für fünf Tage
* wechselweise mit anderen heilenden, nicht cortisonhaltigen Salben kombinieren
* nach planmäßiger Behandlung - Cortisonpause machen, Pause mindestens 14 Tage, möglichst länger einhalten
* bei weiterhin roter Haut immer Heilsalben mit Zink, Harnstoff, Gerbstoff 2x täglich anwenden
* Depopräperate (Alfason®, Pandel®, Advantan®, Dermatop®, Retef®) bevorzugen, diese geben bei einmaliger Auftragung am Tag über einen Zeitraum von 24 Stunden ihre Wirkstoffe an die Haut ab,

Aus unserer Sicht sollte so wenig Cortison wie möglich angewendet werden. Die meisten Neurodermitisschübe sind mit cortisonfreien Salben und Schüttelmixturen sowie begleitenden Bädern und kühlenden Umschlägen gut in den Griff zu bekommen. Eine cortisonfreie Behandlung erfordert Geduld vom Patienten, von seinen Eltern und dem behandelnden Arzt.

In den allermeisten Fällen heilt auch die stärker entzündete Haut mit Hilfe cortisonfreier Salben aus Harnstoff, Zink, Gerbstoff, Salizylsäure etc. gut ab, wenn man sie regelmäßig pflegt und daneben die erlernten Kratz- Alternativen einsetzt.

Arbeitsblatt der Elternschulung: „Kortisoninformation"*

---

* Lediglich diejenigen Arbeitsblätter der Elternschulung, die sich vom Jugendprogramm unterscheiden, sind in diesem Kapitel abgebildet.

Nahrungsmittelallergie und Unverträglichkeit

Zu den häufigsten Nahrungsmittelallergien gehören: Soja, Kuhmilch, Hühnerei, Fisch, Nüsse, Weizen, Fleisch, Obst, Gewürze. Bis zu 5% dürfen Soja, Nüsse und Milch in Nahrungsmitteln undeklariert enthalten sein. Um sicher zu gehen sollten Fertigspeisen gemieden werden. Andernfalls müßte man beim Hersteller anfragen.

Verschiedene Allergene reagieren auch "über Kreuz", das heißt, wenn eine Allergie gegen Apfel besteht, reagiert der Körper auch allergisch auf Pfirsich.
Weitere Kreuzerallergien bestehen zwischen:

Apfel	Birkenpollen, Pfirsich, Kirsche
Anis, Curry, Sellerie	Beifußpollen
Hühnerei, Entenei, Geflügel	Vogelfedern, Exkrementen
Mehle, Getreidekörner, Kleie	Gras- und Getreidepollen
Haselnüsse, Mandel	Haselpollen
Stein-, Kernobst, Nüsse	Baumpollen
Bäcker-, Bierhefe	Schimmelpilze

Eine Allergie kann auch zum Ausbruch kommen, wenn zwei "kreuzreagierende" Allergene zusammmentreffen. So kann es zum Beispiel in der Blütezeit von Beifußpollen bei Genuß von Sellerie zu einem Neurodermitisschub kommen, während dies außerhalb der Blütezeit des Beifuß nicht passiert. Die Summe der belastenden Allergiestoffe (hier Beifuß und Sellerie) hat den Neurodermitisschub hervor gebracht.

Neben der nichtallergischen Reaktion auf Lebensmittel, gibt es Unverträglichkeitsreaktionen auf die verschiedensten Zusatz-, Konservierungs- und Nahrungsmittelinhaltsstoffe (zum Beispiel biogene Armine).Diese auch "Pseudoallergien" genannten Reaktionen können auch durch Medikamente, wie Aspirin ausgelöst werden.

Die Bereitschaft, auf bestimmte auch in der Nahrung vorkommende Stoffe empfindlich zu reagieren, ist bei der "Pseudoallergie" von der Dosis, also von der Menge der zugeführten Stoffe abhängig. Bei der Allergie dagegen, reichen schon minimale Mengen in der Nahrung aus, die allergische Reaktion auszulösen.

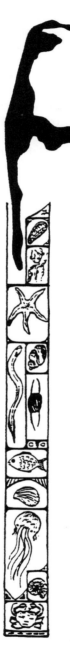

Arbeitsblatt der Elternschulung: „Nahrungsmittelallergie und -unverträglichkeit 1"

Nur durch eine Eliminationsdiät mit anschließender Suchkost lassen sich solche Nahrungsmittelunverträglichkeiten aufspüren. Im Anschluß an die allergenarme Basiskost wird alle zwei Tage ein neues Nahrungsmittel zugesetzt. Dabei werden die Reaktionen der Haut und des Körpers genau beobachtet und ausgewertet.

Folgende Konservierungs/ Zusatzstoffe können ebenfalls zu Unverträglichkeitsreaktionen, das heißt Juckreiz und Rötung der Haut führen:

Erythrosin E 127 in Eis, kandierten Kirschen, Konservenfrüchten

Lactose (monohydrat), in verschiedenen Zuckermischungen

Natriumbenzoat E 211 in Fischmarinaden, Kaviar, Mayonnaise, Salatsaucen, Halbfettmargarinen, Fruchtzubereitung für Joghurt

P-Hydroxibenzoe-Säuremethylester E 218 in den Dingen, die bei E 211 genannt wurden

Natriumglutamat E 621 in Fertigsuppen, Fertiggerichten, Sojasaucen

Natriumdisulfit E 223 in Trockenfrüchten, getrocknetem Gemüse, zerkleinertem Meerrettich, Kartoffelerzeugnissen, kandierten und glasierten Früchten, billigem Wein und Bier

Tatrazin E 102 in Spirituosen und Medikamenten

Mehr dazu in " ABC der Ernährung " der AAK- Arbeitsgemeinschaft Allergiekrankes Kind, siehe Kontaktadressen!

Arbeitsblatt der Elternschulung: „Nahrungsmittelallergie und -unverträglichkeit 2"

Bücher zur Ernährung

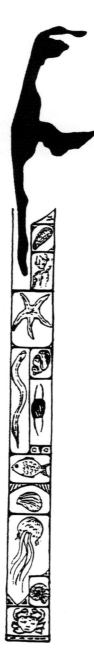

Reiner Lange, Heike Sarguma: Kost für Allergiker, Dustri Verlag, ca. 30.00 DM

S. Borelli, J. v. Mayenburg, E. Polster: Nahrungsmittelallergien (So ernähren Sie sich richtig), Falken-Verlag, ca. 20.00 DM

Workmann, Hunter, Jones: Allergie-Diät, Orac-Verlag

AAK-Arbeitsgemeinschaft allergiekrankes Kind: ABC der Ernährung, 10.00 DM

Natürlich glutenfrei backen und kochen, Hammermühle, 27.50DM

G. Righli-Spannfellner: Schlank mit Vollwertkost, Gräfe und Unzer Verlag, 15.00 DM

I. Früchtel: Vollwertküche -Brotaufstriche leicht gemacht-, Gräfe und Unzer, 8.00 DM

D. v. Cramm: Für Schulkinder (Was alle gerne essen), Gräfe und Unzer Verlag, 12.00 DM

Armin Roßmeier: Eßschule, Falken Verlag, 19.80 DM
Hintergrundinformationen

Volker Pudel: Ketchup, Big Mac, Gummibärchen, Betlz Verlag, 24.80 DM

Das Buch vom Essen, Ravensburger, 10.00 DM

Carine Buhmann: Beiss nicht gleich in jeden Apfel, AT Verlag, 20.80DM

Martines: Nahrungsgifte (Das Lexikon für ihre Gesundheit), Urania Verlag, 29.80 DM

Bernhard Watzl, Claus Leitzmann: Bioaktive Substanzen, Hippokrates Verlag, 38.00 DM

Gisela Nickel: Wenn mein Kind allergisch ist, Herder-Verlag

modifiziert nach Stefanie Jeß, Fachklinik Sylt

Arbeitsblatt der Elternschulung: „Bücherliste zur Ernährung"

Entspannung

Entspannungsübungen wie Autogenes Training und Muskelrelaxation können bei der Krankheitsbewältigung und der Eindämmung des Juckreizes hilfreich sein.

Wenn man für sich herausfinden will, ob Entspannungsübungen guttun, benötigt man eine mindestens dreimonatige Trainingsphase, denn Konzentration auf den Körper und sich selbst hat man im Erwachsenenalter leider manchmal schon verlernt. Dieses Training sollte man unter fachlicher Anleitung ,möglichst in einer Gruppe durchführen.

Nach dieser Übungsphase sollte die Entspannungsübung oder das Ruheritual zu einem festen, wichtigen Bestandteil des Tagesablaufs werden. Es sollte sich eine Gewohnheit entwickeln.

Also, einfach üben und ausprobieren!

Für die Juckreizbewältigung kann eine entspannende Atmosphäre, die sich aus regelmäßig praktizierten Übungen automatisch ergibt, hilfreich sein.

Viele andere Möglichkeiten der Entspannung (siehe Arbeitsblatt "Individuelle Ruherituale" Kap. 4.8) beeinflussen Eltern und Kinder positiv, zum Beispiel gemeinsames Spiel, Sport, künstlerisches Gestalten, Musik, Spazierengehen, mit Freunden zusammensein und etwas genießen.Der Vorteil von Entspannungsübungen besteht darin, daß sie ohne Hilfsmittel und in nahezu jeder Lebenssituation anwendbar sind. Hilfe anderer Personen ist nicht notwendig.

Beispiel für eine Übung der progressiven Muskelrelaxation:
Nehmen Sie eine bequeme Sitzhaltung ein. Schließen Sie die Augen und versuchen Sie, zur Ruhe zu kommen. Die Hände liegen mit den Handflächen nach oben auf den Oberschenkeln. Jetzt spannen Sie die rechte Hand zu einer Faust an, spüren nach, wie hart die Muskeln sind und lassen wieder locker. Nehmen Sie die entspannten Finger - und Handmuskeln wahr. Jetzt wiederholen Sie die Übung und drücken Ihren Unterarm dabei nach unten, spüren die Anspannung und lassen wieder los. Ihr Arm ist entspannt und locker. Nun ziehen Sie die rechte Schulter hoch bis zum Ohr, spüren die Anspannung im Schulterbereich und lassen wieder los. Ihre Schultermuskeln entspannen sich. Wiederholen Sie jede Übung und spüren Sie den Unterschied zwischen An -und Entspannung. Dann üben Sie alles noch einmal mit der linken Seite. Genießen Sie die Ruhe und Entspannung.

Bei Interesse informieren Sie sich bitte über Literatur zu diesem Thema.

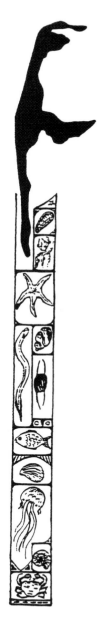

Arbeitsblatt der Elternschulung: „Entspannung für Eltern"

7
Evaluation

Eine ausführliche Evaluation des Trainingsprogramms „Fühl mal" liegt bereits vor (vgl. Warschburger, 1996). Dabei zeigte sich unter anderem, daß viele Kinder und Jugendliche mit der sogenannten Kratz-Stop-Übung nicht gut zurechtkamen und diese nur schlecht akzeptierten. Bei der Kratz-Stop-Übung sollten die Kinder und Jugendlichen analog dem Habit-Reversal (vgl. Kap. 3) nicht die Haut kratzen, sondern nur über der juckenden Hautstelle kratzen, neben der Hautstelle die Haut kneifen oder schlagen und dann die Hand ablenken. Da dieses Vorgehen jedoch kaum akzeptiert und umgesetzt wurde, mußte es als Haupttechnik aufgegeben werden. Weiterhin zeigte sich, daß die Kinder und Jugendlichen vom täglichen supervidierten Eincremen stark profitierten. Leider war der Transfer in den Alltag nur unzureichend. Dies wurde aufgegriffen, indem den Kindern und Jugendlichen sukzessive die Verantwortung für

das Eincremen übertragen wird. Auf diese Weise erlernen sie bereits während ihres Aufenthalts, wie sie zu Hause damit weiter umgehen können. Zudem befassen sich viele Schulungsinhalte mit dem Thema Eincremen und Compliance.

Um die subjektive Bewertung der Stunden bei den Kindern und Jugendlichen zu erfassen, wurden die Teilnehmern nach den Gruppensitzungen

(1. bis 8. Stunde) gebeten, auf einer fünfstufigen Skala folgendes einzuschätzen:

- Wie hat die Stunde gefallen?
- Wie wichtig waren die Inhalte?
- Wie neuartig waren die Inhalte?
- Wie wohl habt Ihr Euch gefühlt?

Bei der Auswertung der Befragungsergebnisse wurden die

Tab. 9: Beurteilung der Trainingssitzungen durch die Teilnehmer (angegeben wurde die prozentuale Häufigkeit).

Sitzungs-termin	positive Bewertung (in %)	Wichtigkeit der Inhalte (in %)	Neuartigkeit der Inhalte (in %)	positives Befinden (in %)
1	96	80	52	80
2	85,7	85,7	28,6	71,4
3	100	72,2	27,8	88,9
4	100	92,9	35,7	92,9
5	100	88,9	38,9	94,4
6	92,3	92,3	38,5	84,6
7	100	90,9	36,4	100
8	100	100	56,3	81,3

zwei Antwortkategorien zusammengefaßt, die positive Zustimmung signalisieren (Tab. 9). Es wird ersichtlich, daß die Teilnehmer die Sitzungen insgesamt sehr positiv und auch die Inhalte als sehr wichtig bewerteten. Die meisten Teilnehmer fühlten sich in der Gruppenatmosphäre sehr wohl. Etwas aus diesem Bild fällt die Einschätzung der Neuartigkeit der Inhalte: ein Viertel bis die Hälfte der Kinder fand „alles bis das meiste" neu für sich selbst. Nur knapp 10% der Kinder und Jugendlichen meinte, daß sie „nichts Neues" erfahren hätten.

Neben der subjektiven Bewertung der Sitzungsinhalte wurde den Teilnehmern zu Beginn und gegen Ende des Trainingsprogramms ein Wissensquiz vorgelegt. Aus einer Reihe von Alternativen sollten sie jeweils die richtige Antwortmöglichkeit herausfinden. Der Quiz konzentrierte sich dabei auf die handlungsrelevanten Inhalte der Schulung.

Wie aus Abbildung 9 ersichtlich wird, stieg die Anzahl der richtigen Antworten an. Verglichen mit dem Zeitpunkt zu Beginn der Schulung konnten die Teilnehmer signifikant mehr Alternativen als korrekte Antworten identifizieren (t=-5,18; df=14; p=0,00). Auch direkte Fragen nach bestimmten Fakten (wie z. B. empfehlenswerter pH-Wert ihrer Produkte) gaben die meisten Kinder richtig an.

Darüber hinaus wurde von den Ärzten zu drei Zeitpunkten der Hautzustand beurteilt: bei der Aufnahme-, Zwischen- und Enduntersuchung. Die Beurteilung erfolgte anhand des SCORAD-Index. Dieser berücksichtigt neben der Ausbreitung der Erscheinungen den Schweregrad der atopischen Hauterscheinungen und der subjektiven Einschränkungen (Juckreiz und Schlaflosigkeit). Diese drei Parameter werden zu einem Gesamtwert verrechnet, der zwischen 0 und 103 Punkten variieren kann. Bei der Aufnahmeuntersuchung wiesen die Kinder und Jugendlichen einen mittle-

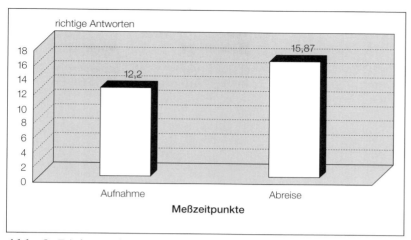

Abb. 9: Richtige Antworten (Mittelwerte) im Wissensquiz zu Beginn und gegen Ende der Heilmaßnahme (Gesamtzahl der möglichen richtigen Antworten betrug 18).

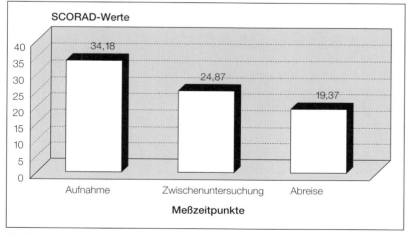

Abb. 10: SCORAD-Werte (Mittelwerte) während stationärer Maßnahme.

131

ren SCORAD-Wert von 34,18 Punkten auf. Dieser Wert ging bei der Zwischenuntersuchung auf 24,87 und bei der Enduntersuchung auf 19,37 Punkte zurück. Die Abnahme der Werte ist statistisch signifikant (F=34,89; df=2; p=0,00). Bereits bei der Zwischenuntersuchung zeigt sich eine deutliche Minderung in den SCORAD-Werten (t=4,85; df=12; p=0,00), die sich bei der Enduntersuchung nochmals reduzierten (t=3,83; df=12; p=0,01). Abb. 10 soll diese abnehmende Entwicklung in den SCORAD-Werten verdeutlichen.

Insgesamt zeigen die Ergebnisse, daß die vorgestellte Schulung von den Kindern und Jugendlichen:

- gut akzeptiert wird und
- ihnen handlungsrelevantes Wissen vermitteln kann.

Zusammen mit der gesamten stationären Versorgung scheint sie geeignet, um den Hautzustand der Kinder und Jugendlichen deutlich zu verbessern. Aus den Wochenprotokollen der Kinder und Jugendlichen läßt sich ablesen, daß zunehmend weniger gekratzt und statt dessen auf die vorgestellten alternativen Strategien zurückgegriffen wird. Dabei zeigt sich, daß die einzelnen Strategien von den Teilnehmern mit unterschiedlichem Erfolg ausprobiert wurden. Im Laufe der Zeit kristallisierte sich entsprechend dem Vorgehen im Training eine favorisierte Technik heraus. Dies unterstützt den Ansatz, eine Auswahl an alternativen Strategien anzubieten.

Glossar

Acrodermatitis enteropathica: Seltene, vererbte Hauterkrankung mit mangelnder Aufnahme von Zink über die Darmschleimhaut. Beginn im ersten Lebensjahr nach dem Abstillen. Symptome: Um Körperöffnungen herum bläschenartiges und papeliges Exanthem mit schuppender Haut, Haarausfall, immer wiederkehrende Durchfälle, Entwicklungsverzögerung. Therapie: Zink der Ernährung zusetzen.

Adrenerge Rezeptoren: Entsprechend der unterschiedlichen Wirkung der Hormone Adrenalin und Noradrenalin gibt es unterschiedliche Empfangsstationen, die sogenannten Alpha- und Beta-Rezeptoren, über die z. B. die Herz-Kreislauf-Funktion angeregt wird. Verschiedene Medikamente können als bahnend oder hemmend auf diese Empfangsstation wirken, z. B. Betamimetika oder Alpha-Rezeptorenblocker.

Adstringierend: Zusammenziehend, zieht Wundränder zusammen.

Agammaglobulinämie: Angeborenes Fehlen von Gammaglobulinen (Eiweiße, s. Antikörper) zur Immunabwehr im Blut.

Antigen: Fremdstoff, im Gegensatz zu körpereigenen Eiweißstoffen.

Antigenpräsentierende Zellen: Zellen, die das Antigen zur Abwehrzelle bringen und es ihr „präsentieren".

Antikörper: Zu den Gammaglobulinen gehörende heterogene Gruppe von Eiweißstoffen (Immunglobuline), die nach Kontakt des Organismus mit dem Antigen u. a. von B-Lymphozyten gebildet und sezerniert werden. Sie reagieren mit dem entsprechenden Antigen spezifisch und selektiv.

Ataxie: Koordinationsstörung auf der Ebene der Bewegungsmuskeln.

B-Lymphozyten: B-Lymphozyten (B-Zellen) sind Zellen des Immunsystems. B-Lymphozyten binden Antigene, nehmen sie in ihr Zellinneres auf, binden es dort an einen Eiweißstoff, der als Träger des Antigens fungiert. Dann wird dieses Antigen mit einem Trägereiweiß den T-Lymphozyten präsentiert. Um eine große Vielfalt von Antigenen zu erkennen, bilden B-Zellen verschiedene, spezifische Antikörper.

Basalschicht: Unterste Schicht der Epidermis (Oberhaut); sie bildet die Grenze zur Lederhaut. In der Basalschicht fangen die Oberhautzellen an, sich zu teilen und zu erneuern. Sie wandern dann in Richtung Oberfläche und werden nach 28 Tagen als tote Hornzellen abgestoßen.

Betaadrenerge Nervenleitung: Eine Nervenbahn des vegetativen Nervensystems, über die der Neurotransmitter Adrenalin als Mediator wirkt.

Bronchienassoziiert: Zu den Bronchien gehörend.

CD 4-Zellen: Zellen des Immunsystems. „CD" steht für Clusters of differentiation (Differenzierungsgruppen). Dies bezeichnet bestimmte Oberflächenmoleküle auf Lymphozyten. Es gibt 78 verschiedene Oberflächenmoleküle, die dafür verantwortlich sind, welche Antikörperbildung stattfindet. Die Zusammensetzung der Oberflächenmoleküle unterliegt den genetischen Mustern, die auf den Chromosomen des Menschen lokalisiert sind. Lymphozyten werden entweder nach diesen Oberflächenmolekülen oder nach ihrer Funktion in der Immunabwehrkette benannt, beispielsweise ist „CD 4-Zelle" ein anderer Begriff für „T-Zelle".

Ceramide; Acylceramide: Biochemische Bezeichnung für eine bestimmte Fettsäurenstruktur.

Eosinophiles kationisches Protein ECP: Bezeichnet einen Mediatorstoff aus den eosinophilen Leukozyten, die aus der Reihe der weißen Blutkörperchen kommen. ECP ist bei allergischen Entzündungsprozessen im Blut erhöht, weil es von den eosinophilen Zellen vermehrt ausgeschüttet wird.

Eczema herpeticatum: Bedrohliche Form der Besiedlung der ekzemgeschädigten Haut durch Herpesviren. Die Haut ist in schweren Fällen von Her-pesbläschen am ganzen Körper übersät. Es kann zu lebensbedrohlichen Zuständen mit Todesfolge kommen, wenn der Körper bei hohem Fieber mit Flüssigkeitsverlust reagiert oder wenn es zu einer inneren Ausbreitung des Virus auf andere Organe kommt. Eine zusätzliche bakterielle Infektion der Herpesbläschen kann ebenfalls tödliche Folgen haben.

Eosinophile; eosinophile Granulozyten; eosinophile Zellen: Eine Gruppe der weißen Blutkörperchen (Leukozyten), die bei der allergischen Entzündungsreaktion aktiv wird. Daneben gibt es noch basophile und neutrophile Granulozyten.

Erythem: Rötung der Haut.

Granulozyten: Weiße Blutkörperchen (Leukozyten), die bei Eindringen von Krankheitskeimen und Fremdeiweißstoffen in der Lage sind, zum Ort des Geschehens hinzuwandern (über Blut und Lymphbahnen), um die Gefahr abzuwehren. Ihr Name kommt von „Granulum", lat. für „Korn", da sich in Granulozyten körnerartige Strukturen anfärben lassen.

Herpesinfektion: Entzündung der Haut oder anderer Körperorgane durch Viren. Die Verbreitung der Erreger liegt in der Bundesrepublik Deutschland bei 90 % der Bevölkerung. Der Virus schlummert in Nervenganglien und wandert bei Abwehrschwäche des Körpers (kurz vor Eintritt der Regelblu-tung, bei Erkältungserkrankung, bei Streß, bei belastenden Situationen) entlang der Nerven zum Ort der Infektion, z. B. vom Ganglion des Gesichtsnervs N. trigeminus zur Lippe, dort entsteht dann ein Lippenherpes. Die Viren werden übertragen durch Speichel, Urin und Stuhl, über kleine Haut- und Schleimhautverletzungen. Die Herpesinfektion kann mit antiviralen Mitteln behandelt werden.

Histiocytosis X: Erkrankung, die zu einer Infiltration von Histiozyten (Gewebszellen, die Langerhans-Zellen ähneln) führt, vor allem sind Haut, Knochenmark, Lymphknoten, Lunge, Leber und Hirnhäute betroffen. Um die Histiozyteninfiltrate sammeln sich auch andere Entzündungszellen, wie eosinophile und neutrophile Granulozyten. Man geht von einer Störung der immunologischen Abläufe aus, die angeboren ist. Der Verlauf der Erkrankung ist unterschiedlich. Es kann zur Spontanheilung (wenn nur Knochenbefall besteht) kommen, zu chronischen Wachstums- und Entwicklungsstörungen oder zum frühen Tod führen, vor allem aufgrund der Lungenkomplikation. Ein Drittel der Kinder mit Histiocytosis X leidet unter Neurodermitis.

Iatrogen: Durch Therapie und Diagnostik verursacht; wörtlich „durch den Arzt verursacht".

Ichthyosis: Neigung zur starken Schuppung der Haut, Zeichen bei Neurodermitis. Die Schuppung kann aber auch als angeborene Verhornungsstörung der Haut auftreten, der Ichthyosis congenita.

Immunglobulin E, IgE: Antikörper (Eiweißstoffe), die Teil einer Immunantwort sind, deren Aufgabe die Abwehr von Parasiten und Würmern ist. IgE kommt bei Allergikern im Gegensatz zu Nichtallergikern in großen Mengen im Blut vor. Bei der Allergieauslösung bewirkt IgE die Ausschüttung von Mediatoren aus Mastzellen (Gewebszellen). Die IgE-Antikörper liegen auf der Zellhülle der Mastzellen und basophilen Granulozyten und können durch Kontakt mit dem Allergen die Zelle zum Platzen bringen. Aus der Mastzelle entleert sich Histamin, ein Stoff, der bei der Überempfindlichkeitsreaktion vom Soforttyp (Typ I der Allergie) eine Rötung, Schwellung und Entzündung im Gewebe, z. B. in Haut, Bronchien und Darm, hervorruft.

IL 4-Rezeptor: Damit der Mediator Interleukin 4 (IL 4) an einer Abwehrzelle, z. B. Makrophagen oder Lymphozyten, binden kann, müssen diese Zellen „Andockstellen" an der Zelloberfläche, die IL 4-Rezeptoren, aufweisen. Für die anderen Interleukine gibt es ebenfalls spezifische Rezeptoren.

Immunostatikum: In die Immunabwehr eingreifendes Medikament, beispielsweise nützlich nach Organtransplantation, um eine Abstoßreaktion gegen das eingepflanzte, fremde Organ zu verhindern.

Ingestion: Herunterschlucken, in den Körper über den Mund aufnehmen.

Interleukin, IL: Z. B. IL 4, IL 5, IL 6. Wirkstoffe, in der akuten Phase der Immunabwehr aktiv. Sie werden von Abwehrzellen, z. B. T-Lymphozyten ausgeschüttet, um andere Zellen der Abwehrkette zu aktivieren.

Katarakt: Trübung der Augenlinse.

Keratokonus: Aufbaustörung der Hornhaut im Auge. Es entsteht ein „Konus", eine kegelförmige Vorwölbung der Hornhaut mit drohender Sehverschlechterung.

Keratoplastisch: Hornhautaufbauend.

Kollagen: Gerüsteiweiß, bestehend aus Aminosäuren, die von Fibroblasten (Gewebezellen) ausgeschieden werden. Kollagen kommt im Bindegewebe (Gewebe zwischen den Körperzellen außerhalb der Blut- und Lymphbahnen), im Knorpel, im Knochen, in Sehnen und Organumhüllungen und im Zahnbein vor.

Leukozyten: Weiße Blutkörperchen, bestehend aus Granulozyten, Lymphozyten und Monozyten.

Lichenifikation: Vergröberte Hautfelderung, bei chronischen Hauterkrankungen und physiologisch im Alter über den Gelenken.

Lipide: Fette.

Lipidstruktur: Der Aufbau bzw. die Struktur der Fette und Fettsubstanzen.

Lymphozyten: Weiße Blutkörperchen, die im Knochenmark, in der Milz, im Lymphknoten und im Thymus gebildet werden. Lymphozyten werden durch Fremdeiweiße, die als Antigene wirken, aktiviert. Man unterscheidet T-Lymphozyten und B-Lymphozyten.

Morbus Addison, Addison-Krankheit: Chronische Unterfunktion der Nebennierenrinde, dem Organ, das lebenswichtige Hormone (Mineralo- und Glukokortikoide, Androgene) produziert. Diese Unterfunktion kann entweder angeboren, durch Erkrankungen wie Tuberkulose und Autoimmunisierung (der Körper bildet Antikörper gegen das Körpergewebe) entstehen oder bei Tumoren auftreten. Die Symptome sind Wasser- und Salzverlust, Stoffwechselentgleisung, Müdigkeit, Gewichtsverlust, Blutdruckabfall, Herzrhythmusstörung, Muskelkrämpfe, Apathie und Verwirrtheit. Durch von außen zugeführte, hohe Dosen von Kortison z. B. zur Therapie der Neurodermitis, wird die Eigenkortisonproduktion in der Nebennierenrinde gehemmt oder zum Stillstand gebracht, so daß ein iatrogener Morbus Addison entsteht.

Mediator: Botenstoff, überbringt Botschaften von einer Zelle zur anderen oder setzt chemische Abläufe in Gang.

Myoklonische Krämpfe: Ruckartige Zuckungen kleinerer Muskelgruppen.

Neurotransmitter: Überträgerstoffe in Synapsen (Endorgane der Nervenfasern), die die Erregung einer Nervenzelle auf die nächste Nervenzelle oder auf das Erfolgsorgan weiterleiten.

Plättchenaktivierender Faktor, PAF: Ein Fettmolekül, das in allen Zellen, die an einer Entzündungsreaktion beteiligt sind (Mastzellen, Makrophagen, Thrombozyten, Eosinophile, Neutrophile, Endothelzellen), vorhanden ist. PAF ist ein Mediator in der Anfangsphase der Entzündungsreaktion.

Pathogenetisches Korrelat: Die Entsprechung, die sich als Krankheitssymptom im Körper zeigt.

Phenylketonurie: Eine erbliche Stoffwechselstörung, die mittels geeigneter Diät bei Früherkennung therapiert werden kann. Als Symptome zeigen sich sonst Schwachsinn, Krampfanfälle, kleiner Kopf sowie blonde Haare, blaue Bindehäute aufgrund der Pigmentschwäche und Neigung zu Ekzemen.

Phosphodiesterase: Enzym, das Phosphodiester spalten und damit Energielieferanten der Körperzellen aktivieren kann, damit diese lebensnotwendige Stoffwechselprozesse auf Zellebene in Gang bringen. Phophodiesterase führt bei Immunzellen zu einer erhöhten Mediatorfreisetzung.

Retroaurikuläre Rhagaden: Hinter den Ohren befindliche aufgesprungene Haut in Form von Hautrissen. Ursache ist eine mangelnde Elastizität der Haut, möglicherweise durch Wasserverlust oder entzündete Haut.

Rezeptoren: Empfangsstationen an Erfolgsorganen für Botenstoffe, z. B. Noradrenalin (s. a. adrenerge Rezeptoren, IL4-Rezeptor).

Staphylokokken: Kugelförmige Bakterien, die sich kurz nach der Geburt im Nasen- und Rachenraum des Menschen natürlicherweise ansiedeln. Zu einer Erkrankung durch Staphylokokken kommt es bei geschädigter Haut und Schleimhaut oder bei Abwehrschwäche. Staphylokokkeninfektionen können mit Penicillin und anderen Antibiotika behandelt werden.

Stratum corneum: Oberste Schicht der Haut (Hornhaut).

Stratum granulosum: Körnerzellschicht (unter der Hornhaut).

T-Suppressor-Zellen: Können die Antikörperbildung durch B-Zellen und die zellvermittelte Immunantwort unterdrücken. Sie tragen zur Aufrechterhaltung der Toleranz bei, damit der Körper nicht überreagiert.

T-Lymphozyten, T-Zellen: Lymphozyten, die in der Abwehrreaktionskette Antigene oder Fremdeiweiße, die ihnen von antigenpräsentierenden Zellen „gezeigt" werden, erkennen. Durch diesen Kontakt mit dem Antigen wird die T-Helfer-Zelle aktiv und produziert Interleukine, damit der Körper die Immunabwehr organisieren kann. Die T-Helfer-Zelle „hilft" also, die Abwehr zu organisieren (s. a. T-Suppressor-Zellen).

Teleangiektasien: In der Haut sichtbare, dauerhafte Erweiterung der kleinen oberflächlichen Blutgefäße, erworben durch chronische Erkrankung (z. B. Veneninsuffizienz) oder medikamentös bedingt (Langzeit-Kortisontherapie).

Thymusdrüse: Eine Drüse, die hinter dem Brustbein liegt. Der Thymus ist vor allem im Kindesalter als Lymphozyten-Produktionsstätte tätig. Er bildet sich im Erwachsenenalter zurück und wird zu Fettgewebe. Weitere Funktion ist die Beeinflussung von Knochen- und Körperwachstum.

Vasokontriktion: Das Zusammenziehen der Blutgefäße.

Vegetatives Nervensystem: Das auf innere Organe wirkende, „belebende" Nervensystem. Es steht nicht unter dem unmittelbaren Einfluß des Willens, kann aber durch psychische Einflüsse moduliert werden.

Xerosis: Extrem trockene Haut.

Literatur

Aalto-Korte, K. & Turpeinen, M. (1995): Pharmacokinetics of topical hydrocortisone at plasma level after applications once or twice daily in patients with widespread dermatitis. British Journal of Dermatology, 133, 259–263.

Allen, K. E. & Harris, F. R. (1966): Elimination of a child's excessive scratching by training the mother in reinforcement procedures. Behavior Research and Therapy, 4, 79–84.

Arnetz, B. B., Fjellner, B., Eneroth, P. & Kallner, A. (1991): Endocrine and dermatological concomitants of mental stress. Acta Dermato Venereologica, 156, 9–12.

Azrin, N. H. & Nunn, R. G. (1973): Habit-Reversal: A method of eliminating nervous habits and tics. Behavior Research and Therapy, 11, 619–628.

Bär, L. H. & Kuypers, B. R. M. (1973): Behaviour therapy in dermatological practice. British Journal of Dermatology, 88, 591–598.

Bandura, A. (1977): Self-efficacy: toward a unifying theory of behavioral change. Psychological Review, 84, 191–215.

Bartussek, W. (1994): Pantomime und darstellendes Spiel. Mainz: Matthias-Grünewald, Edition Psychologie und Pädagogik.

Bienenstock, J. (1990): Bi-directional interaction between nerves and mastcells. Allergy 7, 13.

Björksten, B. (1991): Atopic prophylaxis. In T. Ruzicka, J. Ring & B. Przybilla (Eds.), Handbook of Atopic Eczema (339–345). Berlin: Springer

Bochmann, F. (1992): Subjektive Beschwerden und Belastungen bei Neurodermitis im Kindes- und Jugendalter. Frankfurt: Lang.

Bosse, K. (1990): Dermatologie. In R. Adler, J.M. Hermanns, K. Köhle, O. W. Schonecke, T. von Uexküll, & W. Wesiak. (Hrsg.), Uexküll. Psychosomatische Medizin (1032–1051). München: Urban & Schwarzenberg, 4. Auflage.

Braun-Falco, O. (1988): Hautreinigung bei atopischem Ekzem (Neurodermitis diffusa, endogenes Ekzem). Ärztliche Kosmetologie, 18, 276–278.

Broberg, A., Kalimo, K., Lindblad, B. & Swanbeck, G. (1990): Parental education in the treatment of childhood atopic eczema. Acta Dermato Venereologica, 70, 495–499.

Brückmann, L. & Niebel, G. (1995): Mutter-Kind-Interaktion bei Atopischer Dermatitis im Säuglingsalter. Vortrag gehalten auf dem 5. Kongreß der Deutschen Gesellschaft für Verhaltensmedizin und Verhaltensmodifikation, 29. 3. bis 1. 4. in Bad Kreuznach.

Cataldo, M. F., Varni, J. W., Russo, D. C. & Estes, S. A. (1980): Behavior therapy techniques in treatment of exfoliative dermatitis. Archives of Dermatology, 116, 919 to 922.

Charlesworth, E. N., Kagey-Sobotka, A., Norman, P. S., Lichtenstein, L. M. & Sampson, H. A. (1993): Cutaneous latephase response in food – allergic children and adolescents with atopic dermatitis. Clinical and Experimental Allergy, 23, 391–397.

Cole, W. C., Roth, H. L. & Sachs, L. B. (1988): Group psychotherapy as an aid in the medical treatment of eczema. Journal of the American Academy of Dermatology, 18, 286 to 291.

Collins, P. & Ferguson, J. (1995): Narrowband (TL-01) UVB air conditioned phototherapy for atopic eczema in children. British Journal of Dermatology, 133, 653–667.

Cormia, F. E. (1952): Experimental histamine pruritus. I. Influence of physical and psychological factors on threshold reactivity. Journal of Investigative Dermatology, 19, 21–34.

Czarnetzki, B. & Grabbe, B. (1994): Das atopische Ekzem. In U. Wahn, R. Seger & V. Wahn (Hrsg.), Pädiatrische Allergologie (243–251). Stuttgart: Fischer.

Daud, L.R., Garralda, M.E. & David, T.J. (1993): Psychosocial adjustment in preschool children with atopic eczema. Archives of Disease in Childhood, 69, 670–676.

Deutsche Gesellschaft für Er-

nährung (1991): Empfehlungen für die Nährstoffzufuhr. Frankfurt: Umschau, 5., überarbeitete Auflage.

Deutsche Gesellschaft für Ernährung (Hrsg.) (1996): Ernährungsbericht. Frankfurt: Selbstverlag.

Dobes, R. W. (1977): Amelioration of psychosomatic dermatosis by reinforced inhibition of scratching. Journal of Behavior Therapy and Experimental Psychiatry, 8, 185–187.

Edwards, A. E., Shellow, W. V. R., Wright, E. T. & Dignam, T. F. (1976): Pruritic skin disease, psychological stress, and the itch sensation. Archives of Dermatology, 112, 339-343.

Ehlers, A., Stangier, U., Dohn, D. & Gieler, U. (1993): Kognitive Faktoren beim Juckreiz: Entwicklung und Validierung eines Fragebogens. Verhaltenstherapie, 3, 112–119.

Ehlers, A., Stangier, U. & Gieler, U. (1995): Treatment of atopic dermatitis: a comparison of psychological and dermatological approaches to relapse prevention. Journal of Consulting and Clinical Psychology, 63, 624–635.

European Task Force on Atopic Dermatitis (1993): Severity Scoring of Atopic Dermatitis: The SCORAD Index. Dermatology, 186, 23–31.

Faulstich, M. E., Williamson, D.A., Duchmann, E.G., Conerly,

S. L. & Brantley, P. J. (1985): Psychophysiological analysis of atopic dermatitis. Journal of Psychosomatic Research, 29, 415–417.

Fälth-Magnusson, K. & K. Kjellman, N.-I. M. (1987): Development of atopic disease in babies whose mothers were receiving eclusion diet during pregnancy – a randomized study. Journal of Allergy and Clinical Immunology, 80, 868–875.

Fjellner, B. & Arnetz, B. B. (1985): Psychological predictors of pruritus during mental stress. Acta Dermato Venereologica, 65, 504–508.

Fjellner, B., Arnetz, B. B., Eneroth, P. & Kallner, A. (1985): Pruritus during standardized mental stress. Relationship to psychoneuroendocrine and metabolic parameters. Acta Dermato Venereologica, 65, 199–205.

Forsthuber, H. C., Yip, P. V. & Lehmann, I. (1996): Induction of Th1 and Th2 immunity in neonatal mice. Science, 271, 1728–1730.

Frey, A. (1992): Psychologische und physiologische Auslöser der Neurodermitis bei Kindern und Jugendlichen: Überprüfung eines bio-psycho-sozialen Wirkungsmodells. Diplomarbeit im Fach Psychologie an der Rheinischen Friedrich-Wilhelms-Universität in Bonn.

Fuchs, E. & Schulz, K.-H. (1988): Manuale allergologicum. Ein Lehr- und Nachschlagewerk im Dustri-Ringbuch. Deisenhofen: Dustri-Verlag Feistle.

Gieler, U., Ehlers, A., Höhler, T. & Burkard, G. (1990): Die psychosoziale Situation der Patienten mit endogenem Ekzem. Der Hautarzt, 41, 416–423.

Gieler, U., Schulze, C. & Stangier, U. (1985): Das Krankheitskonzept von Patienten mit endogenem Ekzem. Zeitschrift für Hautkrankheiten, 60, 1224–1236.

Gil, K. M., Keefe, F. J., Sampson, H. A., McCaskill, C. C., Rodin, J. & Crisson, J. E. (1988): Direct observation of scratching behavior in children with atopic dermatitis. Behavior Therapy, 19, 213–227.

Gil, K. M., Keefe, F. J., Sampson, H. A., McCaskill, C. C., Rodin, J. & Crisson, J. E. (1987): The relation of stress and family environment to atopic dermatitis symptoms in children. Journal of Psychosomatic Res., 31, 673–684.

Gil, K. M. & Sampson, H. A. (1989): Psychological and social factors of atopic dermatitis. Allergy, 44, 84–89.

Gloor, M. (1992): Bemerkungen zur Körperpflege bei Neurodermitis. Der Hautarzt, 43 (Suppl. 11), 36.

Griese, M. (1997): Differentialdiagnose und Behandlung des atopischen Ekzems im Kindes- und Jugendalter. Monatsschrift Kinderheilkunde, 145, 73–84.

Halford, W. K. & Miller, S. (1992): Cognitive behavioural stress management as treatment of atopic dermatitis: A case study. Behaviour Change, 9, 19–24.

Hänsler, B. (1990): Die Belastung und Befindlichkeit von Eltern, deren Kinder an atopischer Dermatitis erkrankt sind. Die Überprüfung eines Fragebogens. Unveröffentlichte Diplomarbeit an der Philipps-Universität Marburg.

Hanifin, J. M. & Rajka, G., (1980): Diagnostic features of atopic dermatitis. Acta Dermato Venereologica Suppl., 92, 44–47.

Haynes, S. N., Wilson, C. C., Jaffe, P. G. & Britton, B. T. (1979): Biofeedback treatment of atopic dermatitis. Controlled case studies of eight cases. Biofeedback and Self-Regulation, 4, 195–209.

Hermanns, N. (1991): Kognitive Wirkfaktoren auf Juckreiz und Hautreagibilität bei der atopischen Dermatitis. Hamburg: Kovač.

Hermanns, J., Florin, I., Dietrich, M., Rieger, C. & Hahlweg, K. (1989): Maternal criticism, mother-child interaction, and bronchial asthma. Journal of Psychosomatic Research, 33, 469–476.

Hermanns, N. & Scholz, O. B. (1992): Kognitive Einflüsse auf einen histamininduzierten Juckreiz und Quaddelbildung bei der atopischen Dermatitis. Verhaltensmodifikation und Verhaltensmedizin, 13, 171–194.

Hill-Beuf, A. & Porter, J. D. R. (1984): Children coping with impaired appearance: Social and psychologic influences. General Hospital Psychiatry, 6, 294–301.

Holgate, S. T. & Church, M. K. (1993): Allergy. London: Gower Medical Publishing.

Holman, H. & Lorig, K. (1992): Perceived self-efficacy in self-management of chronic disease. In R. Schwarzer (Ed.), Self-efficacy. Thought control of action (305–323). Washington: Hemisphere.

Horne, D. J. de L., Borge, A. & Varigos, G. A. (1992): Self-monitoring and Habit-Reversal in the treatment of atopic eczema. Unveröffentlichter Forschungsbericht.

Horne, D.J. de L., White, A. E. & Varigos, G. A. (1989): A preliminary study of psychological therapy in the management of atopic eczema. British Journal of Medical Psychology, 62, 241–248.

Hornstein, O.P., Brückner, G.W. & Graf, U. (1973): Über die soziale Bewertung von Hautkrankheiten in der Bevölkerung. Methodik und Ergebnisse einer orientierenden Befragung. Der Hautarzt, 24, 230–235.

Jäger, W. (1990): Ein bekanntes, aber leidiges Thema: Hautschutz. Prävention und Rehabilitation, 3, 34–38.

Jordan, J. M. & Whitlock, F. A. (1972): Emotions and the skin: The conditioning of scratch responses in cases of atopic dermatitis. British Journal of Dermatology, 86, 574 to 585.

Jordan, J. M. & Whitlock, F. A.

(1974): Atopic dermatitis. Anxiety and conditioned scratch responses. Journal of Psychosomatic Research, 18, 297–299.

Jowett, S. & Ryan, T. (1985): Skin disease and handicap: An analysis of the impact of skin conditions. Social Science and Medicine, 20, 425–429.

Kämmerer, W. (1987): Die psychosomatische Ergänzungstherapie der Neurodermitis atopica – Autogenes Training und weitere Maßnahmen. Allergologie, 10, 536–541.

Kaptein, A. A. (1990): Skin disorders. In A. A. Kaptein, H. M. van der Ploeg, P. J. G. Schreurs & R. Beunderman (Eds.), Behavioural Medicine (217–230). Chichester: Wiley.

Kaschel, R. (1990): Neurodermitis in den Griff bekommen. Heidelberg: Verlag für Medizin, Fischer.

Kaschel, R., Miltner, W., Egenrieder, H. & Lischka, G. (1989): Verhaltenstherapie beim atopischen Ekzem: Ein Trainingsprogramm für ambulante und stationäre Patienten. Aktuelle Dermatologie, 15, 275–280.

Kaschel, R., Miltner, W., Egenrieder, H., Lischka, G. & Niederberger, U. (1990): Eine Pilotstudie mit fünf kontrollierten Einzelfällen bei atopischer Dermatitis. Verhaltensmodifikation und Verhaltensmedizin, 11, 5–23.

Kemp, A. S. & Campbell, D. E. (1996): New perspectives on inflammation in atopic eczema. Journal of Paediatrics and Child Health, 32, 4–6.

King, R. M. & Wilson, G. V. (1991): Use of a diary technique to investigate psychosomatic relations in atopic dermatitis. Journal of Psychosomatic Research, 35, 697–706.

Kissling, S. & Wüthrich, B. (1993): Verlauf der atopischen Dermatitis nach dem Kleinkindalter. Der Hautarzt, 44, 569–573.

Koehler, T. & Weber, D. (1992): Psychophysiological reactions of patients with atopic dermatitis. Journal of Psychosomatic Research, 36, 391–394.

Köhler, T. & Niepoth, L. (1988): Der Einfluß von belastenden Lebensereignissen auf den Verlauf der Neurodermitis diffusa. Verhaltensmodifikation und Verhaltensmedizin, 9, 11–21.

Köhnlein, B., Stangier, U., Freiling, G., Schauer, U. & Gieler, U. (1993): Elternberatung von Neurodermitiskindern. In U. Gieler, U. Stangier & E. Brähler (Hrsg.), Hauterkrankungen in psychologischer Sicht. Jahrbuch der Medizinischen Psychologie 9 (67–80). Göttingen: Hogrefe.

Kojima, T., Ono, A., Aoki, T. Kameda-Hayashi, N. & Kobayashi, Y. (1994): Circulating ICAM-1 levels in children with atopic dermatitis. Annals of Allergy, 73, 353–356.

Korth, E. E., Bonnaire, E. C.,

Rogner, O. & Lütjen, R. (1988): Emotionale Belastungen und kognitive Prozesse bei Neurodermitikern. Psychotherapie und Medizinische Psychologie, 38, 276–281.

Krutmann, J. (1996): Hautschädigungen durch UVA-Strahlung: Neueste Erkenntnisse. Pädiatrische Dermatologie, 4, 328–329.

Lalumière, M. L. & Earls, C. M. (1989): Évaluation d'un traitement compartemental visant à réduire les effets prurigineux d'une dermatite atopique. Science et comportement, 19, 151–158.

Liedtke, R. (1990): Socialization and psychosomatic disease: An empirical study of the educational style of parents with psychosomatic disease. Psychotherapy and Psychosomatics, 54, 208–213.

Lipozencic, J., Mailavec-Puretic, V. & Trajkovic, S. (1993): Neomycin – a frequent contact allergen. Arh hig rada toksiko, 44, 173–180.

Mabin, D. C. Sykes, A. E. & David, T. J. (1995): Nutritional content of few foods diet in atopic dermatitis. Archives of Disease in Childhood, 73, 208–210.

Mc Henry, P. M., Williams, H. C. & Bingham, E. A. (1995): Management of atopic eczema. Joint workshop of the British Association of Dermatologists and the Research Unit of the Royal College of Physicians of London. British Medical Journal, 310, 843–847.

McNabb, W. L., Wilson-Pessano, S. R. & Jacobs, A. M. (1986): Critical self-management competencies for children with asthma. Journal of Pediatric Psychology, 11, 103–117.

Melin, L., Fredericksen, T., Norén, P. & Swebilius, B. G. (1986): Behavioural treatment of scratching in patients with atopic dermatitis. British Journal of Dermatology, 115, 467–474.

Mohr, W. & Bock, H. (1993): Persönlichkeitstypen und emotionale Belastung bei Patienten mit atopischer Dermatitis. Zeitschrift für Klinische Psychologie, 22, 302–314.

Müller, W. (1988): Pantomime. Dillingen: J. Pfeiffer.

Münzel, K. (1988): Atopische Dermatitis: Ergebnisse und Fragen aus verhaltensmedizinischer Sicht. Verhaltensmodifikation und Verhaltensmedizin, 9, 169 bis 193.

Münzel, K. (1995): Psychologische Interventionsansätze bei Hauterkrankungen. Verhaltensmodifikation und Verhaltensmedizin, 16, 373–388.

Münzel, K. (1997): Psychosoziale Belastung als Einflußfaktor bei allergischen Hauterkrankungen. In Franz Petermann (Hrsg.), Asthma und Allergie (266–283). Göttingen: Hogrefe, 2., veränderte Auflage.

Münzel, K. & Schandry, R. (1990): Atopisches Ekzem: psychophysiologische Reaktivität unter standardisierter Belastung. Der Hautarzt, 41, 606–611.

Münzel, K. & Vogt, H.-J. (1994): Psychophysiologische Reaktivität bei atopischer Dermatitis: Belastungsreaktionen von Patientinnen mit bzw. ohne akute Hauterscheinungen. (Unveröffentlichte Zusammenfassung der Erstautorin als Vortragskonzept.)

Murphy, M. J., Nelson, D. A. & Cheap, T. L. (1981): Rated and actual performance of High School students as a function of sex and attractiveness. Psychological Reports, 48, 103–106.

Müseler, A., Rakoski, J., Zumbusch, R., Hennig, M. & von Borelli, S. (1995): Vergleichende hautphysiologische Untersuchung zur Wirksamkeit von Zinkschüttelmixtur bei akuter Neurodermitis. H und G, 70, 803–807.

Nanda, A. (1995): Concomitance of psoriasis and atopic dermatitis. Dermatology, 191, 72.

Nassif, A., Chan, S. C., Storrs, F. J. & Hanifin, J. M. (1994): Abnormal skin irritancy in atopic dermatitis and in atopy without dermatitis. Archives of Dermatology, 130, 1402–1407.

Nelson, W. E (1996): Textbook of pediatrics. Philadelphia: Saunders, 15th, reviewed edition.

Niebel, G. (1990): Verhaltensmedizinisches Gruppentraining für Patienten mit Atopischer Dermatitis in Ergänzung zur dermatologischen Behandlung; Pilotstudien zur Erprobung von Selbsthilfestrategien. Verhaltensmodifikation und Verhaltensmedizin, 11, 24–44.

Niebel, G. & Welzel, C. (1990): Vergleich verhaltensorientierter Gruppentrainingsprogramme bei Patienten mit atopischer Dermatitis. In D. Frey (Hrsg.), Bericht über den 37. Kongreß der Deutschen Gesellschaft für Psychologie in Kiel 1990 (317–318). Göttingen: Hogrefe.

Niedner, R. (1996): Glukokorticosteroide in der Dermatologie. Kontrollierter Einsatz erforderlich. Deutsches Ärzteblatt, 93, 2249–2253.

Niepoth, L. (1993): Neue Ergebnisse psychosomatischer Neurodermitisforschungen. Hautfreund, Heft 1, 20–21.

Noeker, M, & Petermann, F. (1996): Körperlich-chronisch kranke Kinder: Psychosoziale Belastungen und Krankheitsbewältigung. In F. Petermann (Hrsg.), Lehrbuch der Klinischen Kinderpsychologie. Modelle psychischer Störungen im Kindes- und Jugendalter (517–554). Göttingen: Hogrefe, 2. Auflage.

Norén, P. & Melin, L. (1989): The effect of combined topical steroids and Habit-Reversal treatment in patients with atopic dermatitis. British Journal of Dermatology, 121, 359–366.

Ott, G., Schönberger, A. & Langenstein, B. (1986): Psychologisch-psychosomatische Befunde bei einer Gruppe von Patienten mit endogenem Ekzem. Aktuelle Dermatologie, 12, 209–213.

Petermann, F. (1996): Psychologie des Vertrauens. Göttingen: Hogrefe, 3. Auflage.

Petermann, F. (1997): Methoden und Anwendungen der Kinderverhaltenstherapie. In F. Petermann (Hrsg.), Kinderverhaltenstherapie. Grundlagen und Anwendungen (10–21). Baltmannsweiler: Schneider.

Petermann, F., Noeker, M. & Bode, U. (1987): Psychologie chronischer Krankheiten im Kindes- und Jugendalter. München: Psychologie Verlags Union.

Petermann, F. & Petermann, U. (1996): Training mit Jugendlichen. Weinheim: Psychologie Verlags Union, 5., überarb. Auflage.

Petermann, F. & Petermann, U. (1997): Training mit aggressiven Kindern. Weinheim: Psychologie Verlags Union, 8., überarb. Auflage.

Petermann, F. & Walter H.-J. (1997): Patientenschulung mit asthmakranken Kindern und Jugendlichen. In F. Petermann (Hrsg.), Patientenschulung und Patientenbetreuung (123–142). Göttingen, Hogrefe, 2., völlig überarb. Auflage.

Petermann, U. (1996): Entspannungstechniken für Kinder und Jugendliche. Weinheim: Psychologie Verlags Union.

Petro, W. (1994): Patiententraining bei Erwachsenen. In W. Petro (Hrsg.), Pneumologische Prävention und Rehabilitation. Ziele, Methoden, Ergebnisse (464–475). Berlin: Springer.

Rajka, G. (1986): Atopic dermatitis. Correlation of environmental factors with frequency. International Journal of Dermatology, 25, 301–304.

Rajka, G. (1989): Essential aspects of atopic dermatitis, Berlin: Springer.

Ratliff, R. G. & Stein, N. H. (1968): Treatment of neurodermatitis by behavior therapy: a case study. Behavior Research and Therapy, 6, 397–399.

Rauch, P. K. & Jellinek, M. S. (1989): Pediatric dermatology: Developmental and psychological issues. Advances in Dermatology, 4, 143–158.

Rauch, P. K., Jellinek, M. S., Murphy, J. S., Schachner, L., Hansen, R., Esterly, N. B., Prendville, J., Bishop, S. J. & Goshko, M. (1991): Screening for psychological dysfunction in pediatric dermatology practice. Clinical Pediatrics, 30, 493–497.

Rees, J. L. (1996): The melanoma epidemic: reality and artefact. Warrants a reappraisal of the relation between histology and clinical behavior. British Medical Journal, 312, 137.

Richter, R. & Ahrens, S. (1988): Psychosomatische Aspekte der Allergie. In E. Fuchs & K. H. Schulz (Hrsg.), Manuale allergologicum. Ein Lehr- und Nachschlagewerk im Dustri-Ringbuch. Kapitel VIII. Psychosomatik und Sozialmedizin (Ergänzungs- und Austausch-Lieferung 1994, 1–16). München-Deisenhofen: Dustri-Verlag.

Ridge, J. P., Fuchs, E. J. & Matzinger, P. (1996): Neonatal intolerance revisited: turning on newborn T cells with dendritic cells. Science, 271, 1723–1726.

Ring, J. (1992): Angewandte Allergologie. München: MMV.

Ring, J. & Palos, E. (1986): Psychosomatische Aspekte der Eltern-Kind-Beziehung bei atopischem Ekzem im Kindesalter. II. Erziehungsstil, Familiensituation im Zeichentest und strukturierte Interviews. Der Hautarzt, 37, 609–617.

Ring, J., Palos, E. & Zimmermann, F. (1986): Psychosomatische Aspekte der Eltern-Kind-Beziehung bei atopischem Ekzem im Kindesalter. I. Psychodiagnostische Testverfahren bei Eltern und Kindern und Vergleich mit somatischen Befunden. Der Hautarzt, 37, 560–567.

Rosenbaum, M.S. & Ayllon, T. (1981): The behavioral treatment of neurodermatitis through Habit-Reversal. Behavior Research and Therapy, 19, 313–318.

Roth, H. L. & Kierland, R. R. (1964): The natural history of atopic dermatitis. Archives of Dermatology, 89, 97–102.

Ruzicka, T., Ring, J. & Przybilla,

B. (Eds.) (1991): Handbook of atopic eczema, Berlin: Springer.

Salzer, B., Schuch, S., Rupprecht, M. & Hornstein, O. P. (1994): Gruppensport als adjuvante Therapie für Patienten mit atopischem Ekzem. Der Hautarzt, 45, 751–755.

Sampson, H. A. (1993): Food antigen-induced lymphocyte proliferation in children with atopic dermatitis and food hypersensitivity. Journal of Allergy and Clinical Immunology, 91, 549–551.

Sarzotti, D. S., Robbins, P. M. (1996): Induction of protective CTL responses in newborn mice by a murine retrovirus. Science, 271, 1726–1728.

Scheewe, S. & Clausen, K. (in Vorbereitung): Pingu Piekfein – Neurodermitis-Schulungsprogramm für Kinder.

Scheewe, S. & Skusa-Freeman, B. (1994): Patientenschulungen mit an Neurodermitis erkrankten Kindern und Jugendlichen. Kindheit und Entwicklungs, 3, 24–30.

Schubert, H. J. (1989): Psychosoziale Faktoren bei Hauterkrankungen. Göttingen: Vandenhoeck & Ruprecht.

Schubert, H. J., Laux, J. & Bahmer, F. (1988): Evaluation der Effekte psychologischer Interventionen bei der Behandlung des atopischen Ekzems. Universität Kaiserslautern: Forschungsberichte des Fachgebietes Psychologie, Nr. 2.

Seidenari, S. & Giusti, G. (1995): Objective assessment of the skin of children affected by atopic dermatitis: a study of pH, capacitance and TEWL in eczematous and clinically uninvolved skin. Acta Dermatologica et Venereologica, 75, 429–433.

Seikowski, K. & Badura, D. (1993): Verhaltensanalyse des Juckreizes bei 5–10-jährigen Kindern mit Neurodermitis. Poster. 4. Kongreß der Deut. Gesell. für Verhaltensmedizin und -modifikation, Bonn.

Singh, S. B. & Srivastava, R. (1986): Neurotic and psychosomatic adolescents – a comparative study. Child Psychiatry Quaterly, 19, 36–41.

Skusa-Freeman, B., Scheewe, S., Warschburger, P., Wilke, K. & Petermann, U. (1997): Patientenschulung mit neurodermitiskranken Kindern und Jugendlichen: Konzeption und Materialien. In F. Petermann (Hrsg.), Asthma und Allergie (327–367). Göttingen: Hogrefe, 2. Auflage.

Solomon, C. R. & Gagnon, C. (1987): Mother and child characteristics and involvement in dyads in which very young children have eczema. Developmental and Behavioral Pediatrics, 8, 213–220.

Soyland, E., Funk, J., Rajka, G., Sandberg, M., Thune, P., Rustad, L., Helland, S., Middelfart, K., Odu, S. & Falk, E. S. (1994): Dietary supplementation with very long-chain – n-3-fatty acids in patients with atopic dermatitis. A double blind, multicentre study.

British Journal of Dermatology, 130, 757–764.

Spirito, A., DeLawyer, D. D. & Stark, L. J. (1991): Peer relations and social adjustment of chronically ill children and adolescents. Clinical Psychology Review, 11, 539–564.

Stangier, U., Eschstruth, J. & Gieler, U. (1987): Chronische Hautkrankheiten: Psychophysiologische Aspekte und Krankheitsbewältigung. Verhaltenstherapie & psychosoziale Praxis, 19, 349–368.

Stangier, U., Gieler, U. & Ehlers, A. (1992): Autogenes Training bei Neurodermitis. Zeitschrift für Allgemeine Medizin, 68, 158–161.

Stangier, U., Gieler, U. & Ehlers, A. (1996): Neurodermitis bewältigen. Berlin: Springer.

Stangier, U., Gieler, U. & Ehlers, A. (1997): Verhaltenstherapie und Patientenschulung bei erwachsenen Neurodermitis-Patienten. In F. Petermann (Hrsg.), Asthma und Allergie (285–322). Göttingen: Hogrefe.

Stangier, U., Kirn, U. & Ehlers, A. (1993): Ein ambulantes psychologisches Gruppenprogramm bei Neurodermitis. Praxis der klinischen Verhaltensmedizin und Rehabilitation, 22, 103–113.

Steigleder, G.K. (1996): Dermatologie und Venerologie. Stuttgart: Thieme.

Steinhausen, H.-C. (1996): Psychosomatische Störungen. In F. Petermann (Hrsg.), Lehrbuch der Klinischen Kinderpsychologie. Modelle psychischer Störungen im Kindes- und Jugendalter (423–454). Göttingen: Hogrefe, 2. Auflage.

Steinhausen, H. C. (1993): Allergie und Psyche. Monatsschrift Kinderheilkunde, 141, 285–292.

Stögmann, W. (1993): Richtlinien zur Ausstellung einer ärztlichen Bestätigung zum Bezug einer erhöhten Familienbeihilfe bei atopischer Dermatitis. Pädiatrie und Pädologie, 28, A3–A6.

Stumpf-Curio, I. (1993): Klinischer und experimenteller Juckreiz in Abhängigkeit von psychosozialer Belastung. Vortrag. Vierter Kongreß der Deutschen Gesellschaft für Verhaltensmedizin und Verhaltensmodifikation in Bonn.

Tan, B.B., Weald, D., Strickland, I. & Friedmann, P. S. (1996): Double-blind controlled trial of effect of housedust-mite allergen avoidance on atopic dermatitis. Lancet, 347, 15–18.

Umann, D. (1992): Psychische Folgebelastungen der Neurodermitis bei Kindern und Jugendlichen: Überprüfung eines bio-psychosozialen Wirkungsmodells. Diplomarbeit im Fach Psychologie an der Rheinischen Friedrich-Wilhelms-Universität in Bonn.

Wahn, U. & Niggemann, B. (1996): Atopische Dermatitis. pädiatrische praxis 51, 263– 276.

Wahn, U., Seger R. Wahn, V. (Hrsg.) (1994): Pädiatrische Allergologie und Immunologie in Klinik und Praxis. Stuttgart: Fischer, 2., überarb. Auflage.

Warschburger, P. (1996): Psychologie der atopischen Dermatitis im Kindes- und Jugendalter. München: MMV.

Warschburger, P., Niebank, K. & Petermann, F. (1997): Patientenschulung bei atopischer Dermatitis. In F. Petermann (Hrsg.), Patientenschulung – Patientenberatung (283–313). Göttingen: Hogrefe, 2., völlig veränd. Auflage.

Warschburger, P. & Petermann, F. (1996): Verhaltensmedizinische Intervention bei atopischer Dermatitis: Ein Überblick. Verhaltenstherapie, 6, 76–86.

Welzel-Rührmann, C. (1995): Psychologische Diagnostik bei Hauterkrankungen. Verhaltensmodifikation und Verhaltensmedizin, 16, 311–335.

White, A., Horne, D. J. de L. & Varigos, G. A. (1990): Psychological profile of the atopic eczema patient. Australian Journal of Dermatology, 31, 13–16.

Wüthrich, B. (1995): Zur Nahrungsmittelallergie. Positionspapier der Europäischen Akademie für Allergologie und klinische Immunologie. Der Hautarzt, 46, 73–75.

Yang, Q. (1993): Acupuncture treatment of 139 cases of neurodermatitis. Journal of Traditional Chinese Medicine, 13, 3–4.

Zesch, A. (1988): Externa, Galenik – Wirkung – Anwendung. Berlin: Springer.

Zitelli, B. J., Davis, H. W. (1992): Atlas of pediatric physical diagnosis. Philadelphia: Gower Medical Publishing.